黄河國家治理文獻集成（民國卷）第八册

《黄河國家治理文獻集成》編委會 編

總第七十二册

包西水利輯要

馮曦 賀莎 編

內蒙古出版集團
內蒙古人民出版社

圖書在版編目（CIP）數據

包西水利輯要 / 馮曦，賀莎編 . -- 呼和浩特 ： 內蒙古人民出版社，2025. 8. --（黃河國家治理文獻集成）. -- ISBN 978-7-204-18451-4

Ⅰ . TV882.1

中國國家版本館 CIP 數據核字第 2025JQ5020 號

包西水利輯要

馮曦　編

編　　者　賀　莎
策劃編輯　賈大明
責任編輯　李月琪
裝幀設計　劉那日蘇　吉　雅　安立新
責任監印　李倩茹
出版發行　內蒙古出版集團　內蒙古人民出版社
地　　址　呼和浩特市新城區中山東路 8 號波士名人國際 B 座 5 層
網　　址　http：//www.impph.cn
印　　刷　內蒙古愛信達教育印務有限責任公司
開　　本　880mm × 1230mm　1/16
印　　張　8
字　　數　90 千
版　　次　2025 年 8 月第 1 版
印　　次　2025 年 8 月第 1 次印刷
印　　數　1—1000 冊
書　　號　ISBN 978-7-204-18451-4
定　　價　70.00 元

編纂委員會

主　　任　陳利保

副 主 任　周承英　吴義學　王　瑶

成　　員　賈大明　何可欣　董立群　羅　婧　王曉俊　董麗娟
白　玲　特日格勒　徐　飛　李月琪　王麗燕　李　琳

主　　編　董　杰

副 主 編　張曉東　曹　玲

委　　員（按姓氏筆畫排序）

王　丹　王智慧　王鑫義　白胡日查　朱紫陽　李　萌
李新蕊　姚亞菲　陳　思　曹佳興　梁芹洋　張文文
張　岩　張博原　張　祺　張曉英　喬恩懋　賀　莎
楊　怡　楊建國　楊　承　霍燕平　魏雪剛

引言

千古河流成沃野，幾年沙勢自風湍。

得益于黄河冲積所帶來的疏松土質和有機物，中華先民利用石製工具開始了農業生産，并逐步發展出旱地粟作農業，『能够最大程度保障食物供給的穩定性，奠定了中華文明起源和形成的堅實基礎』[一]。而利用河水灌溉，提高區域可預測農業産量，『在産業史上起着最有決定性的作用』[二]。隨後，技術進步、經濟發展、人口增加，讓先民的文化生活大爲豐富。嚴文明先生評價道：『這是一場影響深遠的革命。』[三]在這場革命中，平衡水、沙、産、人四者之間的關係，始終是黄河治理的核心問題。四者關係一旦失衡，就容易引發諸多灾患。

歷史上，黄河下游因人口稠密、經濟發達，一直是學術界關注的重點。但自河源至今内蒙古托克托縣河口鎮的黄河上、中游區域，雖遠離王畿，人口稀疏，却也一直備受關注，人們逐步認識到黄河全流域治理是國家的重要任務。《漢書》載：『堤防之作，近起戰國，雍防百川，各以自利。』[四]没有全流域的協同治理，僅靠各地分段築堤，則黄河河患無法解决。秦建立了中國歷史上第一個中央集權大一統王朝，秦始皇東巡碣石，刻石銘記『决通川防，夷去險阻』[五]，開啓中央政府調動各要素治黄之先河，這『在中國，實質上是國家的一種職能』〔六〕。同時，國家通過對黄河的有效治理，爲沿黄流域人民群衆乃至其他地區人民群衆提供了重要的公共物品和産業支撑，成爲人民群衆眼中中央政府的功過評價指標之一。因此，治黄在增强沿黄各族群國家、政治、文化認同的基礎上，强化了中國大一統國家的合法性，成爲歷代國家治理能力的一個重要測度。

一、黄河治理維護了國家的社會穩定

從秦并六國到漢朝建立大一統國家，中國統一的多民族國家形成并得到初步發展。當時中央政府對所轄疆域有『北邊郡』和『内郡』之稱。内蒙古額濟納旗出土的居延漢簡有載，『貇（墾）田以鐵器爲本北邊郡毋鐵官印器内郡令郡以時博賣予細民毋令豪富吏民得多取販賣細民』，可以看出北邊郡是與内郡相對應的行政管轄區域。《史記》卷二十八『封禪書第六』載：『上乃遂去，並（并）海上，北至碣石，巡自遼西，歷北邊至九原。』〔七〕。《史記》卷三十『平準書第八』載：『天子北至朔方，東到太山，巡海上，並（并）北邊以歸。』〔八〕司馬遷多次提及北邊，足見統治者對北邊治理的重視。

漢武帝時，齊人延年提出從今内蒙古引黄河水經今北京一帶，向東注入渤海，以衛北部邊疆。『是時方事匈奴，興功利，言便宜者甚衆。齊人延年上書言：「河出昆侖，經中國，注勃海，是其地勢西北高而東南下也。可案圖書，觀地形，令水工準高下，開大河上領，出之胡中，東注之海。如此，關東長無水災（灾），北邊不憂匈奴，可以省隄（堤）防備塞，士卒轉輸，胡寇侵盜（盗），覆軍殺將，暴骨原野之患。天下常備匈奴而不憂百越者，以其水絶壤斷也。此功壹（一）成，萬世大利。」』[九]《史記》卷二十四『樂書第二』載：『天馬來兮從西極，經萬里兮歸有德。承靈威兮降外國，涉流沙兮四夷服。』[十]如今，包頭地區出土了『四夷盡服』瓦當，出土文物與傳世文獻的呼應，成爲黄河治理維護祖國北部邊疆穩定的見證。

《史記》卷三十『平準書第八』載：『嚴助、朱買臣等招來東甌，事兩越，江淮之閒（間）蕭然煩費矣。唐蒙、司馬相如開路西南夷，鑿山通道千餘里，以廣巴蜀，巴蜀之民罷焉。彭吳（吴）賈滅朝鮮，置滄海之郡，則燕齊之閒（間）靡然發動。及王恢設謀馬邑，匈奴絶和親，侵擾北邊，兵連而不解，天下苦其勞，而干戈日滋。』[十一]清代《汾陽縣志》卷十三『藝文』收録曹學閔《開修黄蘆嶺車路紀德政碑記》，上載：『永寧州，界連西陲，北達邊外歸綏諸路，商賈遠貿粟麥，泛皮船隨黄流南下，聚于州西磧口，一府之民仰利賴焉。而東至太原，南抵平陽，州縣凡二十餘，亦視汾爲槖鑰，蓋所繫非特一方生計矣。』[十二]民國時期，東北淪陷後，開發西北刻不容緩，而『黄河中游之水利，自應加以擴充及整理，藉（借）收桑榆之效，以挽狂瀾於（于）萬一』[十三]。

因黄河流域自然條件優越，歷朝歷代都十分重視對此地的開發，通過强有力的國家干預方式推動各類産業的發展，爲中國北部疆域的形成和社會穩定奠定了基礎。

二、民族交往、物資交流、技術轉移促成黄河治理共同體

《史記》卷十五『六國年表第三』載：秦始皇三十三年（前214），『築長城河上，蒙恬將三十萬』[十四]。這數十萬人中，擁有一技之長的人員不在少數。由此，邊地人口不斷增多，而豐富的物産則促進了商品交流與統一市場的形成。西漢《鹽鐵論·力耕第二》記録了『异物内流』的情形：『是以贏（騾）驢馲駞（駝），銜尾入塞，驒騱騵馬，盡爲我畜，鼲鼦狐貉，采旃文罽，充於（于）内府，而璧玉珊瑚瑠（琉）璃，咸爲國之寶。』[十五] 此後，黄河北岸的『贏（騾）驢馲駞（駝）』『驒騱騵馬』『鼲鼦狐貉』『采旃文罽』與西南織錦、中原麻織、農作物等物資相互交流，逐步形成統一的國内大市場，加强了邊疆與其他地區的經濟聯繫，促進了邊疆特色産業的發展。

隨着民族交往交流交融的增强，清代以降，黄河流域内蒙古段輸入到内地的也不僅僅是『异寶』了。《綏遠通志稿·水路》載：『自乾隆以還。口外墾殖日廣。民殷物阜。出境之油、糧、鹽、鹼（碱）、甘草各貨。入境之日用雜貨。山西與歸綏往來之商運。凡經河路者皆以托屬河口爲唯一之碼頭。』[十六] 從清乾隆年間到民國時期，由内蒙古經黄河運到山西的貨物有糧、油、鹽、碱、藥材、皮毛等，其中以糧油爲最大宗。糧食品種主要有糜黍、穀子、高粱、豆類及玉米、大小麥

等，油料主要是胡麻。内蒙古供貨支綫有從阿拉善盟阿拉善左旗吉蘭泰鹽池到山西呂梁市磧口鎮的運鹽駝路，五原縣、臨河區一帶各大幹渠的運糧水道，杭錦旗、達拉特旗的甘草馱運綫，鄂托克旗的運碱駝路。内蒙古段各條支綫以供貨爲主，山西段若干支綫以運銷爲主。

《臨縣志》載：『清朝乾隆至民國年間，陝、甘、綏、蒙等地的物資，通過此航綫運達磧口，再用牲口馱運到離石、吴城，轉運至東路（汾、平、介、孝等縣）。據民國 20 年（1931）統計，每年從綏遠磴口航至磧口的貨船不下 4000 餘艘』，『是陝、甘、綏、寧與晋西北物資集散之重鎮』。[十七]可見，内蒙古在甘肅、寧夏與陝西、山西等沿黄上下游物資交易中起到了重要的聯結作用；同時也吸引了山西、陝北、河北、山東、甘肅等地的農民遷移至此，并將開渠打壩、引水澆地等農業生産技術、手工技術和商業貿易經營方式帶到這裏。他們在此扎根，除了從事農業生産外，還挖甘草、下窑背炭、在黄河上拉船、在沙漠中拉駱駝、打短工放冬羊、開碾磨油坊，等等。不同地域、不同民族的人們合力修築河渠、引水興業，逐漸形成休戚與共的共同體。其間積纍的産品交易、商業管理、社會治理等方面的經驗，在今天依然有借鑒意義。

清代『首重治河，探河源以窮水患』[十八]，但更深層次的考量是『宣揚大一統及增强國家認同』[十九]。黄河流域人口基數大、分布廣，而全流域治理理念將不同地區、不同民族的人們凝聚成命運共同體，而『大一統』理念正是這一治理實踐的核心主題。

三、黄河流域拓展了中國的發展空間

早期統治者因巡幸及邊防建設所需，統籌管理沿黄河運與秦直道等沿黄馬道，維持着中央政府對北邊的有效治理。河套平原引黄渠道的建設爲秦漢王朝屯田事業提供了基本的水利保證，并將這些區域變成防禦北部邊患的大後方與根據地。于是，沿黄馬道、沿黄河運與萬里茶道、草原絲路等陸路運輸聯通起來，促進了中華文明與其他文明的交流互鑒，拓展了新的發展空間。

新中國成立之後，沿黄各族兒女在中國共産黨的領導下團結合作、艱苦奮鬥，實現了大河安瀾。黄河流域建立起行之有效的防洪抗汛機制，支撑着沿岸的産業發展，改善了周邊生態環境。當代治黄史證明，正是由于中國共産黨的正確領導以及集中力量辦大事的制度優勢，纔從根本上減輕了河患的威脅。進入新時代，黄河流域在築牢安瀾根基的同時，以蓬勃活力拓展着中國的發展空間。沿黄九省區在協同發展中不斷釋放潛力，讓黄河流域成爲國家區域協調發展戰略中不可或缺的重要一極，爲中國的發展源源不斷地注入新動能。

綜上所述，黄河流域的治理不是單純的河道治理、生態環境治理或社會治理，而是一種關涉水、沙、産、人四者關係的系統性、協同性治理，是推動國家可持續發展的動力，也是厘清國家治理與邊疆治理兩者動態交互實際效果的絶佳視角。而黄河工程等『中國本土理論資源、學術積釁』[二十]，有助于研究國家治理的演進歷程。進入新時代，黄河治理與國家治理的關係研究不斷開闢新視角、持續涌現新成果，其中鑄牢中華民族共同體意識、邊疆治理與黄河流域生態保護和高質量發展成爲非常重要的研究視角。因此，基于這一角度搜集整理黄河國家治理文獻，意義重大。《黄河國家治理文獻集成》，應運而生。

本叢書系統梳理了黄河治理的歷史脉絡與經驗，既爲新時代黄河流域生態保護和高質量發展提供了歷史鏡鑒，更以文獻爲載體，傳承了治理智慧、凝聚了民族力量，是服務國家發展戰略、鑄牢中華民族共同體意識的重要學術實踐。

《黄河國家治理文獻集成》編委會

二〇二五年一月

〔一〕韓建業：《中華文明的起源和形成》，載《中華民族共同體研究》2022年第4期，第80–91+172頁。
〔二〕中共中央馬克思恩格斯列寧斯大林著作編譯局：《馬克思恩格斯選集》第二卷，人民出版社，2014年，第240頁。
〔三〕嚴文明：《黄河流域文明的發祥與發展》，載《華夏考古》1997年第1期，第49–54+113頁。

〔四〕（漢）班固：《漢書》卷二十九『溝洫志第九』，中華書局，1964年，第1692頁。

〔五〕（漢）司馬遷：《史記》卷六『秦始皇本紀第六』，中華書局，1963年，第252頁。

〔六〕冀朝鼎：《中國歷史上的基本經濟區與水利事業的發展》，朱詩鰲譯，中國社會科學出版社，1981年，第7頁。

〔七〕（漢）司馬遷：《史記》卷二十八『封禪書第六』，中華書局，1963年，第1398–1399頁。

〔八〕（漢）司馬遷：《史記》卷三十『平準書第八』，中華書局，1963年，第1441頁。

〔九〕（漢）班固：《漢書》卷二十九『溝洫志第九』，中華書局，1964年，第1686頁。

〔十〕（漢）司馬遷：《史記》卷二十四『樂書第二』，中華書局，1963年，第1178頁。

〔十一〕（漢）司馬遷：《史記》卷三十『平準書第八』，中華書局，1963年，第1420–1421頁。

〔十二〕（清）方家駒修，（清）王文員纂：《汾陽縣志》卷十三『藝文』，清光緒十年刻本，第57–58頁。

〔十三〕王華棠、劉錫彤、吳樹德：《黄河中游調查報告》，華北水利委員會編印，1934年，第1頁。

〔十四〕（漢）司馬遷：《史記》卷十五『六國年表第三』，中華書局，1963年，第758頁。

〔十五〕王利器：《鹽鐵論校注》，中華書局，1992年，第28頁。

〔十六〕綏遠通志館：《綏遠通志稿》第十册，内蒙古人民出版社，2007年，第176頁。

〔十七〕臨縣志編纂委員會：《臨縣志》，海潮出版社，1994年，第273、321頁。

〔十八〕趙爾巽等：《清史稿》卷一二六『河渠一』，中華書局，1977年，第3715頁。

〔十九〕劉惠：《乾隆朝重構黄河河源的實踐與國家認同》，載《清華大學學報》（哲學社會科學版）2018年2期，第147–154+195頁。

〔二十〕許耀桐：《當代中國『治理』概念的演進探析》，載《國家現代化建設研究》2023年3期，第100–111頁。

出版前言

黄河，中華民族的母親河，她不僅孕育了中華文明，更見證了中華民族數千年的發展歷程。習近平總書記深刻指出：『從某種意義上講，中華民族治理黄河的歷史也是一部治國史。』這一重要論述，爲新時代黄河文化的保護傳承以及流域治理提供了根本遵循，也深刻揭示了黄河治理在國家發展和民族復興進程中的核心地位。在學習貫徹習近平新時代中國特色社會主義思想，積極響應國家黄河流域生態保護和高質量發展重大戰略，大力推進北疆文化建設的背景下，《黄河國家治理文獻集成》的編纂出版，具有重要的歷史意義、學術價值與現實指導意義。

黄河治理，自古以來就是國家的頭等大事。從遠古時期大禹治水，到當代運用科學技術進行系統治理，中華民族在數千年的時間裏，積累了豐富的治河經驗，留下了浩如烟海的文獻遺産。《黄河國家治理文獻集成》收録了元代至民國時期古籍、朱批奏摺、期刊圖片等多模態文獻資源。這些文獻内容豐富、維度多元，既包含記載河工技術、治理方略等的專書，又有漢文朱批奏摺、工程檔案以及不同區域的調查研究報告等。民國時期的文獻則標志着現代水利科學開始融入黄河治理，展現了我國水利事業在時代變革中的創新與發展。近代照片的收録則以更加直觀的方式將黄河治理、黄河沿岸的風貌呈現給讀者。

該文獻的出版，不僅是對瀕危黄河文化遺産的及時搶救與保護，更是對我國水利史、國家治理史、邊疆治理研究學術鏈條的重要補充，具有較高的文獻價值和學術意義。尤爲重要的是，這一集成工作，深度契合鑄牢中華民族共同體意識這一全黨全國各族人民的共同任務。各民族在治理黄河的歷史進程中，緊密協作、共同探索，這些珍貴文獻便是各民族交往交流交融和中華文明認同的生動見證。對這些文獻進行整理出版，能够讓各族人民更加深刻地認識到，在歷史長河中，各民族共同爲黄河治理貢獻了力量，共同守護了家園，從而進一步增强對中華民族共同體的認同感與歸屬感，夯實鑄牢中華民族共同體意識的歷史根基。

《黄河國家治理文獻集成》以『國家治理』爲核心綫索，構建起一個全面、系統、多維的文獻體系：在時間跨度上，聚焦從元代至民國這一傳統治河向現代水利轉型的歷史時期，爲深入研究我國水利事業的發展脉絡提供了清晰的時間坐標；在内容分類上，細緻劃分爲技術專著、工程檔案、區域研究、朱批奏摺、科學報告、圖片等類别，涵蓋黄河治理的各個方面，從不同角度展現了我國在黄河治理上的探索與實踐；在版本選擇上，秉持嚴謹、科學的態度，確保文獻内容的準確性與代表性，爲學術研究奠定堅實基礎。

在編纂過程中，叢書特别注重『全流域治理』的理念，不僅收録了有關下游防洪治河的重要文獻，還涵蓋了中游地區水土保持以及上游地區灌溉開發等方面的珍貴記載。這種對黄河全流域治理的全方位關注，與當前『共同抓好大保護，協同推進大治理』的要求高度契合，充分體現了叢書在傳承歷史文化遺産的同時，緊密服務于當代國家發展戰略的時代價值。

在出版過程中，嚴格保持原書的版式與行款，最大程度地還原文獻原貌。對于部分出現黴變、殘缺的頁面，運用先進的數字化修復技術進行精心處理，在保留原始批注與印章痕迹的基礎上，兼顧了文物的真實性與文獻的可讀性。

此外，爲了更好地服務讀者，方便學術研究，本叢書新增了目録、提要等内容，這些新增部分由編委會精心撰寫。新增目録一般編製二級，個别圖書編製三級；原書有目録而内文無對應標題的，根據原書目録照録；原書目録爲關鍵詞或者其他情况的不編製目録；原書目録與内文不一致的，以原書内文爲準；原書無目録的，按卷端、版心或其他部分輯録；一册書中收録多種圖書的，以書名爲一級標題，編製二或三級。在文字使用上，統一使用現代漢語規範繁體字，對于原版文獻中的异體字、避諱字也使用現代規範繁體字，無對應規範繁體字的保留原字。

《黄河國家治理文獻集成》的出版，是對黄河文化遺産的一次系統性、搶救性保護，具有重大而深遠的現實意義：從學術價值層面來看，叢書成功構建起一座連接傳統與現代治黄文獻的橋梁，爲黄河流域生態保護、水利工程史、國家治理史、邊疆治理、中華民族共同體學等多個領域的學術研究提供了豐富、翔實的基礎文獻，有力推動了相關學科的發展與創新；從文化價值角度而言，生動展現了北疆文化與黄河文化在歷史長河中的交融共生，爲内蒙古『北疆文化』品牌建設提供了堅實的文獻支撑，進一步豐富了中華文化的内涵與外延；從實踐價值方面考量，書中所藴含的治河理念爲我們在新時代背景下實現人與自然和諧共生、推動黄河流域可持續發展提供了寶貴的歷史經驗與智慧啓示。

在此，我們要衷心感謝各藏書機構的大力支持，正是他們提供了珍貴底本資源，纔使得本叢書的編纂出版成爲可能。同時，我們也要向文化遺産智能應用服務中華民族共同體建設『英才興蒙』團隊致以崇高的敬意，他們歷經五年的辛勤耕耘，以嚴謹的治學態度和專業的學術素養，對文獻進行了系統的整理和輯録，爲叢書的内容質量提供了堅實保障。此外，我們還要特别感謝内蒙古自治區黨委宣傳部、内蒙古出版集團將本叢書納入『北疆文庫』重點項目，并在出版過程中給予全方位支持與幫助。

我們衷心期待，這套凝聚着無數心血與智慧的《黄河國家治理文獻集成》，能够在新時代的『黄河大合唱』中奏響歷史的强音，爲黄河流域生態保護和高質量發展注入强大的歷史動力，讓黄河文化在保護中傳承，在傳承中創新，在創新中不斷發展，綻放出更加絢爛的光彩。同時，希望這套叢書能够成爲促進各民族文化交流、鑄牢中華民族共同體意識的重要載體，助力各民族更加緊密地團結在一起，共同爲實現中華民族偉大復興的中國夢而努力奮鬥，讓中華民族共同體意識在黄河文化的滋養下，扎根于每一位中華兒女的心中，成爲推動中華民族不斷前進的强大精神力量。

提　要

《包西水利輯要》，馮曦（1881—1961）主編，一九二九年綏遠省政府建設廳印行。馮曦，字紫禾，山西代縣人，近代著名水利專家、農學家。曾任綏遠省建設廳廳長，在任期間主持河套地區重大水利工程建設，開創性地推動民生渠、復興渠等骨幹水利工程，被後世譽爲『河套水利開發先驅』。

1929 年 4 月 28 日，綏遠省建設廳廳長馮曦在包頭主持召開『綏遠省政府建設廳第一次包西各渠水利會議』，會議重點對河套灌區水利管理體系進行全面整頓與革新。《包西水利輯要》不僅詳實記録了此次重要水利會議的完整內容，更系統輯録了當時製定的各項水利管理章程與條例。該文獻在河套灌區水利法製建設與水利事業發展進程中具有裏程碑意義。全書內容涵蓋水權製度、用水證書製度、河渠管理章程等關鍵領域，首次構建起完整的灌區管理規範體系。這些製度創新不僅切實解決了當時灌區用水糾紛、渠道維護等現實問題，更奠定了後續水利法規完善的基礎，推動河套水利事業步入規範化、製度化發展軌道，成爲近代灌區管理的典範之作。

從學術價值而言，《包西水利輯要》是研究民國時期河套地區水利發展史與區域經濟社會史的核心文獻，集中體現了近代水利管理的先進理念與實踐智慧。該文獻不僅爲探究黄河流域水利文化傳承演變提供了珍貴史料，也爲研究當時農業灌溉體系與社會民生狀況提供了獨特視角，同時爲當代水利建設與管理提供了重要歷史藉鑒。此次重新整理出版，嚴格遵循歷史文獻整理規範，力求完整呈現典籍原貌，以期推動學界深入挖掘其學術價值，促進水利文化遺産保護與相關學術研究發展。

目録

包西水利輯要

包西水利輯要

馬駿

包西水利輯要

目次

包西水利輯要目次 二

弁言

考維現流黃河自甘寧東來橫貫河套而猥山之陽有烏家河一曰烏拉河自寧綏接境析大河之水北趨東折復轉而南綿七百里成一弓形是即黃河故道古之北河兩流之間曠野千里溝洫縱橫世稱後套伊古以來渠成水到則農產豐盈灌溉失宜即石田坐歎厥土然也幹渠之大者今有十道皆引自黃河現流而納之烏家河小幹渠支子各渠殆不可以僂算受水區域爲綏遠省之臨河五原大佘太三縣近在清季興墾游渠當時八大幹渠曾經收爲官有經營慘淡盛極一時乃二十年來工弛流滯田以日蕪謀國者流莫不認爲開發西北當務之先其包頭縣境三湖河流域各渠同源大河引灌亦廣按諸形勢實與烏家河上下聯帶非使其脈絡貫連無以廣綏西水利（曦）曩總墾務即管並顧而兼籌之矣茲者訓政伊始建設方殷水利振興關係尤重爰以職權所屬企圖整頓擴充用是訂定章制資爲準繩設置專局俾司管理知民力不裕爲乞貸款而助之興修釐改進維艱召集會議以從事研討詳審籌畫督飭進行夙夜彷徨於今又已數月祇以各渠在事暨有關諸人率皆出自畎畝對於一切章則容或未得盡悉而會議紀錄等件亦復待於頒布特以輯爲是編列之專冊顏曰包西水利輯要令而後從事於斯者人手一編克以瞭然於辦理之規程而關心西北之士一經瀏覽亦藉可略諗進行之經過似於渠務前途不無裨益也述其緣起以弁於端

雁門馮曦敘於綏遠建設廳

中華民國十八年六月一日

綏遠省巴西各渠修濬計畫形勢圖

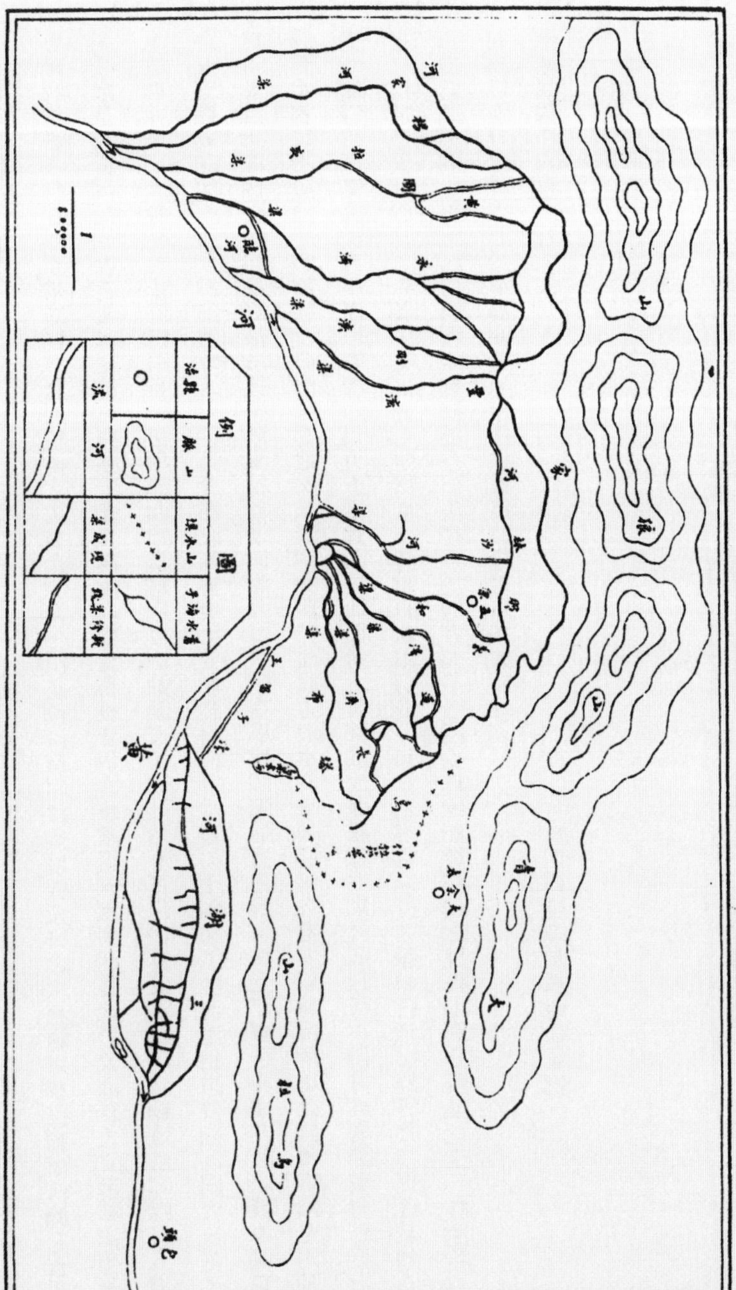

綏遠建設廳馮廳長召集包西各水利社經董會議攝影

章程及辦法

綏遠建設廳管理包西各渠水利暫行章程

第一條　綏遠建設廳爲期完成包西各渠渠工振興水利籍謀農業之策進建設廳之發展對於包西各渠水利事宜依本章程之規定監督管理之

第二條　凡包西中灘後套等處官民各渠及由水渠道之渠工水利各事自民國十八年一月一日起統籌歸建設廳繼續辦理

第三條　建設廳爲實行管理各渠起見設置包西各渠水利管理局於五原縣政府所在地其組織簡章另定之

第四條　各渠工程無分經常歲修特別重大統照舊由各該渠水利公社負責經理並由管理局監督指導

第五條　各渠工程凡經常歲修由公社隨時呈報管理局相機辦理其特別重大者應先事估計備具計畫預算等書呈請管理局轉呈建設廳核辦

第六條　各渠所屬粮地召廟地戶口地未墾地移民地學田地實業基金地永租地等民戶均應各照每年夏秋間勘丈青苗地畝數目担任各項渠款由公社經征管理局協催之其收支規定如左

經常修渠費　每年每頃納銀七元充歲修工程之用開支有餘由公社保管之不敷由公社召集合渠民戶議定籌補方法呈局轉呈核行

特別修渠費　各渠遇有特別重大工程先儘餘存經常修渠費內撥支再有不敷由公社商由本渠民戶中籌墊之在三年內由本渠民戶照青均攤

水利經費　每年每頃納銀三元以一元五角充管理局經費有餘報解建設廳另款存儲不敷呈請建設廳核籌之以一元五角充該渠公社經費倘有不敷得先事呈准另行籌支

公社對于一切渠款之收支應按季分晰列冊呈報管理局轉呈查核之

第八條　各項渠欵之保管章程另定之

第九條　各渠遇有特別重大工程確爲本渠力所弗勝者於必要時得由公社呈局轉報建設廳體察情形轉呈綏遠政府籌與貸欵補助興修之

第十條　各渠澆水章程由管理局會同各公社分別各渠實地情形及習慣酌擬定呈核實行其大綱如左

一各渠澆水辦法以使各本渠民戶得享平均的水利爲原則

一各渠向係平日各民戶不得築閘築壩倘非有閘壩不能激水澆地者必須事先察看水勢商允請准且以不防他人水利爲限度

一各渠澆使春熱伏秋冬等水應分別按照向章習慣日輪稍稍輪日依次輪流引灌不得紊亂

一各渠渠水須先儘青苗地澆灌俟澆畢方准依次輪澆其他未種地畝

一各渠渠水有餘照舊例彼此代澆以收互助之益但絕對的禁止私擅賣放

一各戶使水須限以一定之次序及日期不得逾越或私自開放渠口

第十一條　建設廳爲獎進水利對於各公社職員辦理渠務之成績每年考核一次其考核章程另定之

第十二條　凡有違反上列各條規定情事者均由各該管縣局長負執行懲處之責任

第十三條　各渠灌溉所及之地段內關係地畝上其他事件不在本章程管理之列

第十四條　建設廳爲討論各渠水利興革事件得召集水利會議

第十五條　本章程倘有未盡或須修正之處應隨時增改之

第十六條　本章程十八年一月一日實行

綏遠建設廳包西各渠水利管理局暫行簡章

第一條　本局以督促完成包西各渠渠工增進水利爲宗旨

第二條　本局定名爲包西各渠水利管理局直隸於建設廳

第三條　本局設於五原縣政府所在地

第四條　本局設置職員規定如左

局長一員

渠務總查一員　直隸於建設廳執行其職務

文牘員一員

會計員一員

管理渠道委員六員

辦事員二員　以上均由建設廳委任

第五條　本局爲繕寫文件巡渠催欵等事得雇用書記馬巡及夫役

第六條　本局對於各渠水利公社立於監督指導之地位

第七條　本局對於各渠一切水利事宜之處理悉遵綏遠建設廳管理包西各渠水利章程之規定並依建設廳之命令行之

第八條　本局職權規定如左

關於各渠工程之督促完成及監督養護事項

關於各渠公社組織進行之監督指導事項

包　西　水　利　輯　要　　三

關於渠工之查勘考核及成績之調查報告事項

關於各渠公社各項欵項收支及存儲考核事項

關於各渠公社渠工計劃預算籌查事項

關於各渠澆水辦法之擬定引灌之支配淤澄之預防及糾葛之解决事項

關於新渠開挖之勸導計劃事項

關於各渠民戶公社之請求轉報事項

關於建設廳委辦事項

第九條　本局經費由各渠所屬地畝每年按頃應征三元水利經費內之一元五角項下撥充之倘有不敷應呈報建設廳核辦

第十條　本局辦事細則另規定之

第十一條　本簡章如有應行增正之處由建設廳修改之

第十二條　本簡章自十八年一月一日起實行

綏遠建設廳包西各渠水利管理局組織經費表

職別	員額	薪工預算數	備考
局長	一員	一二〇元〇〇〇釐	
渠務總查	一員	七〇〇〇〇	查總查一員月支薪水四十元旅費三十元合計如上數
文牘員	一員	六〇〇〇〇	

會計員	一員	六〇	〇〇〇	
管理渠道委員	六員	三六〇	〇〇〇	查委員六員月各支薪水三十元旅費三十元合計如上數
辦事員	二員	六〇	〇〇〇	查辦事員二員月各支薪水三十元合計如上數
書記	十員	一六四	〇〇〇	查書記二員月各支薪水二十元又六員月各支十六元又二員月各支十四元合記如上數
馬巡	十二名	一四四	〇〇〇	查馬巡十二名每名月支餉乾十二元合計如上數
夫役	四名	三六	〇〇〇	查夫役四姓每名月支工食九元合計如上數
公費	月支	一〇〇	〇〇〇	
臨時費	月支	一〇〇	〇〇〇	
總計	五十八員名	一二七四	〇〇〇	
附記	查本表規定經費數目係根據渠務第三五兩分局彙水利支經費預算數目分配編列合併聲明			

包西各渠水利公社通行章程

(各社應署爲某某渠水利公社章程)

第一條　本社定名爲某某渠水利公社

包西水利輯要　　六

第二條　本社以負責經理本渠一切事務企圖振興水利增進農民福利爲宗旨

第三條　本社事務如工程進行款項收支等項悉遵　綏遠建設廳管理包西各渠水利暫行章程之規定及其個有關諸法令行之

第四條　本社一切進行須受　綏遠建設廳及直接管轄之包西各渠水利管理局之監督指導

第五條　本社仍用前奉　綏遠墾務總局刊頒某某渠水利公社鈐記（或本社呈奉　綏遠建設廳刊頒某某渠水利公社鈐）記以資信守

第六條　本社於進行上遇有涉及地方事項而不能自行達到時得呈請所在地之縣政府（或設治局）處辦之

第七條　本社所屬灌域以本渠渠水澆灌所及之地畝爲範圍

第八條　本社設置職員如左

甲　經理一人

乙　副經理一人（或二人）

丙　文書員一人

丁　會計員一人

戊　司賬一人

己　渠頭一人

庚　副渠頭一人至五人

辛　渠夫若干人　（酌量事實上之需要確定之）

壬　僱員夫役若干人　（酌量事實上之需要確定之）

第九條　經理副經理由本渠民戶就本渠種地之戶中聲望素著熟悉水利者票選之以得票最多者爲經理次多者爲副經理但經理所得票數須在投票人三分之一以上選定後須呈由管理局轉報建設廳加委

文書員會計員司賬渠頭副渠頭由經理遴用但須得董事會之同意

渠夫由渠頭商承經理於每年春初僱用之其名額之決定仍應取得董事會之同意但遇急迫情形得變通之

僱員夫役由經理僱用之

第十條　經理執行本社關於渠務之一切對內對外事宜副經理幫同經理之經理因故不能執行社務時由副經理代行其職權

文書員受經理之指揮掌管本社文書事宜

會計員受經理之指揮掌管本社預算計算及款項出納事宜

司賬受經理或會計員之指揮掌管本社簿記事宜

渠頭受經理之指揮掌管本社勘驗及指揮渠間工程並開閉支幹渠口各事宜

副渠頭幫同渠頭管理各項渠工事宜

渠夫受渠頭之指導執行勞工事宜

第十一條　經理副經理任期二年得連選連任

第十二條　本社應支公費及人員薪工規定如下

甲　公費月支(二十元至四十元酌量社務之繁簡定之)

乙　人員薪工

(一)　經理副經理均係義務職但經理得月支車馬費二十六元副經理得月支二十元

（二）文書員會計員渠頭每人月支十八元
（三）副渠頭司賬每人月支十二元
（四）渠夫夫役每人月支七元
（五）僱員月不視其職務之繁簡由經理商同董事會臨時決定之

第十三條　本社設董事會董事名額（五人至九人各社酌量確定之）由本渠民戶就本渠秭地之戶中票選之其人選以具有名譽經驗者爲限選定後呈由管理局轉報建設廳備案

第十四條　董事會董事應互選董事長一人並推選常務董事二人至三人掌日常會務

第十五條　董事會職權如左

甲　建議本社水利興革事宜
乙　解決經理諮詢事件
丙　實行審核本社預算計算
丁　經理以下各職員有廢職或違章情事得提出彈劾
戊　遇必要時得召集本社全渠民戶會議
己　本簡章各條明白規定事項

第十六條　董事會董事均爲義務董但常務職事並在開會期內每日得酌支膳宿費五角

第十七條　董事膳宿等費由本社常年經費內向經理支領之

第十八條　董事會公費由第十條規之公費內支用不得另行支取

第十九條　董事會每屆春夏應每月開常會一次秋冬二季每季開常會一次如有臨時發生事件得由董事長召集臨時會議解決之

第二十條　董事會董事任期定爲一年但得連選連任

第二十一條　本社及董事會辦事細則另定之

第二十二條　關於經董之選舉凡本渠民戶種地在一頃以上者均有選舉權

第二十三條　經理副經理及董事會董事被選任職後如有廢職或違章情事除由建設廳以命令撤銷更選外亦得以全渠民戶過半數之可決撤銷更選

第二十四條　經董選舉及更選由本渠民戶聽承管理局及縣政府（或設治局）召集辦理之

第二十五條　本社常年應徵各欵依管理章程之規定須勘丈青苗後徵之但因春夏間必要之需用經董事會可決得預備徵五分之一至三分之一

第二十六條　本渠各民戶澆使渠水遵照澆永章程辦理不得違背

第二十七條　本章程遇有應行修改之處須由建設廳召集水利會議時提出修正之

第二十八條　本章程自決議公布之日施行

河渠管理章程十八年一月二十二日本廳公布

第一條　建設廳爲整頓水利確定水權以免轇轕而歸一致起見凡綏遠全省河渠除中灘後套各有規定外均依本章程管理之

第二條　凡綏遠地上地下流動或靜止之水爲人民公衆利益所繫無論何人或團體不得佔爲私有但得依本章程之規定呈准引用之

第三條　凡開引河渠經人民呈准後均由建設廳分別註冊並發給用水證書以資保障

第四條　凡規復廢渠創開新渠均應呈由建設廳核准並塡明下列各項附具圖說

(甲)呈請人之姓名年齡籍貫住所如係團體應塡明團體名稱辦公地點並附呈詳細章程兩份

(乙)導引河泉名稱

(丙)幹渠所在地及經過路線

(丁)地段四至面積及其土質

(戊)用水時期及次數

(己)幹渠長度寬度及深度

(庚)資本若干並預計何時動工何時完工

(辛)關於其他開渠計劃工程等項

第五條　渠工完竣後須呈經建設廳勘驗確與前條呈請各項相符開渠者應即另文呈請註冊其應行註冊之事項如左

一引用河泉名稱

一幹渠長寬及深各若干度

一澆地畝數及時期

一組織及管理情形

第六條　建設廳收到上項呈文經派查明確後迅予批發證書其用水權即於呈請核准之日開始

第七條　在同一水源上引水溉地其用水權以上輪下接爲原則以特許優先爲例外

第八條　在同一水源上引水溉田不准沿河打壩但於必要時經建設廳之特許者不在此限

第九條　人民無論在何泉上引水灌田建設廳得按照呈請時日之先後依次付予優先權他人不得爭執及有侵害情事

第十條　人民每次取得用水權應以該田畝所必需之水量爲限并須確定所灌之地段及四至不得移灌他地或浪費致妨害他人之水權

第十一條　人民取得用水權如因廢置不用致地荒蕪逾二年者該權即行消滅但此後如欲再用水時得依本章程呈請註冊仍准回復其水權

第十二條　凡渠道經過必需之土地應按鄉近同等地畝估價向地主購買地主不得託詞拒絕若係官地得呈請建設廳轉呈省政府免交地價以示提倡

第十三條　凡修築渠道經過馬路鐵路—河渠等交點所需閘門橋梁等之建築或改造費概由開渠者負担

第十四條　渠道開鑿時或成立後如對於他人或公衆之利益發生任何妨害應由開渠者賠償

第十五條　如工程建築任何部分與原案或原計畫有變更時須先呈報建設廳核准但幹渠之口須築閘門不得稍有變更

第十六條　建設廳聘請水利專門人才購置測量儀器以規劃促進全省水利於人民呈請勘查時得酌取勘查費其等則如下

(一)面積在一百頃以下每頃繳勘查費一元

(二)面積在一百頃至三百頃者首一百頃每頃繳洋一元其餘每頃繳洋五角

(三)面積三百頃以上五百頃以下除首三百頃照第二項繳費外其餘每頃繳洋二角

(四)面積在五百頃以上除首五百頃照第三頃繳費外其餘每頃繳洋一角

(五)以上各項繳費人民得以地畝依照市價抵代現款如以擬行灌溉之地作抵其價額應按照未引水之地價爲準

第十七條　渠工完成後如有仿照包西各渠之辦法組織公社征收水費者其渠款之保管均依包西渠款保管簡章辦理

第十八條　建設廳所派各渠人員均有稽察稽人民如有違犯本章程之規定者得隨時逮捕交縣罰辦

第十九條　本章程如有未盡事宜得由建設廳隨時提出修正之

第二十條　本章程自公布之日施行原有水利規則同日廢止

附呈請註冊文式如左

呈為某縣某局某區某村某渠呈請註冊事竊民等前於某年某月日在某地一呈請開渠業蒙批准在案現渠工均已完竣理合依河渠管理章程第五條之規定備文呈請

察核准予註冊并發給證書施行謹呈

綏遠建設廳

具呈人署名印

中華民國　　年　　月　　日

附用水證書式如左

為發給用水征書事照得某縣某局某區某村某渠業經遵照河渠管理章程呈請註冊在案此特給証書准予用水右給

某縣某村　　收執

綏遠建設廳

中華民國　　年　　月　　日

獎勵興辦水利簡章　十七年十一月六日本廳公布

第一條　本簡章以奬勵興辦綏區水利爲宗旨

第二條　水利以開渠爲主而以鑿井輔之

第三條　渠道分成渠廢渠籌開之渠三種凡現在能引水灌地者爲成渠現在湮沒淤塞者爲廢渠擬創開渠道者爲籌開之渠

第四條　前條所列三種渠道由本廳制定河渠調查表令發各縣局長調查報告之

第五條　凡規復廢渠創開新渠由縣局長督令發起人就地集擬其有實在無法籌集者應繪圖貼說呈候核奪

第六條　各縣局井水較淺之地每縣局長應調查明確勸令人民以土法鑿井

第七條　凡有合於左列各規定之一者由縣局長查明出力人員擇優請奬

一　各縣局長聯合或各村聯合創辦水利組合開渠著有成效者

一　創辦水利公司開渠鑿井以營業爲性質而定價低廉辦理完善者

一　創興水利或隄防水害純由人民出資出丁不藉公欵補助者

一　凡在一村提倡鑿井十眼以上者

第八條　前條之奬勵如左

一　匾額

一　奬章

一　奬狀

第九條　凡有左列情事之一者由縣局長查明依法懲辦

一　以水利爲營業而故意把持地方勒捐鄉愚者

一　故意阻撓興辦水利事業者

一　經理渠道從中漁利者

一　因爭水聚衆械鬥者

第十條　縣局長將辦理水利第四條至第九條之各情形應遵令呈報以憑派員考查

第十一條　本簡章自公布之日施行

包西各渠妨害水利懲罰辦法

一　本辦法對於包西中灘後套各渠道適用之

一　本省通行之興辦水利簡章對於包西各渠仍一併適用

一　各渠民戶有左列情事之一者即爲妨害水利

(甲)擅違定章築壩以截水激水者

(乙)爲自身私利以致毀渠淤渠及淹人田禾者

(丙)蔑視公家利益有阻害水利之行爲或非法之需索者

(丁)關於法令有明文規定者

一　各渠民戶有妨害水利之行爲者依本條之規定分別辦理

(甲)賠償所致之公私損害

(乙)罰令修渠

(丙)送交法庭依法處辦

一　各渠經董有觸犯者應照規定從重處辦

一　懲罰處分由綏遠建設廳核令包西各渠水利管理局會同該渠所在地之縣政府或設治局執行之

一　本辦法規定有所不及者以建設廳命令行之

包西各渠渠欵保管簡章

第一條　本簡章爲保護包西各渠利之永久對于關係修築渠工之各項渠欵均依本簡章之規定保管之

第二條　公社經渠理對於渠欵之保管負完全責任

第三條　公社徵起渠欵除水利經費准其照章動支外餘如經常修渠費抑或曾經核准徵起之特別修渠費等欵應分別妥爲保管即關係渠道必須開支之項倘係未經核准遽即動支公社經理亦須負責賠補其有私自挪用及侵蝕除照數賠補外並分別加以懲罰

第四條　公社保管渠欵得以董事會之決議存放於殷實商號但須先行呈報管理局備案並隨時受其檢查

第五條　前條存放渠欵之各商號須彼此連環保証以堅信用至其存放之手續及責任仍由經理完全擔負之

第六條　各渠董事會及公社會計員對於渠欵保管上發現情弊時得向管理局檢舉之

第七條　本簡章如有未盡事項應由建設廳隨時增正並以廳令行之

第八條　本簡章自公布之日實行

水利官員考核條例 十八年月三十日內政部公布

第一條　水利官員之考績依本條例行之

第二條　本條例所稱水利官員分左列三種

一　各省專辦水利之職官

二　各縣縣長

三　各縣建設局長

第三條　水利官員辦理水利成績每年考核一次由主管機關分別獎懲之

第四條　獎勵分左列五等

一　升敘

二　加俸

三　記大功

四　記功

五　嘉獎

第五條　懲戒分左列六等

一　免職

二　停職

三　減俸

四　記大過

五　記過

六　申誡

第六條 水利官員有左列事實之一者由主管機關察核情節酌擬奬勵

一 辦理或協助河海緊急工程應付敏捷因而免災或減輕者

二 督率人民或協助搶險堵防著有勤勞者

三 蓄水備旱挑水防災其受益地畝在五百頃以上者

四 修治或協辦河塘堤埝溝洫卓著成效者

五 辦理灌溉或擬水事業其受益田畝在五十頃以上者

六 協辦河海工程勞績卓著者

七 開鑿田井在百眼以上者

八 巡查水道堤埝防患未然確有成效者

第七條 水利官員有左列事實之一者由主管機關察核情節酌擬懲戒

一 水災發生怠於防制致成重大損害者

二 舊有河塘工程及其附屬工作物怠於維護因而釀成災害或發生損害者

三 舊有溝洫不知督修因而淤滯貽害田畝者

四 對於興辦水利及預防水災延無計畫者

五 對於水利工程處置失當以致虛耗公帑者

六 對於所屬員役督飭無方致荒職務者

第八條 專辦水利官員應予以升敘之奬勵或免職之處分者由各省建設廳詳叙事實呈由省政府行之幷報內政部備案

第九條　專辦水利官員應予以加俸之獎勵或停職及減俸之處分者由各省建設廳擬定加俸及減俸金額或停職期限呈由省政府核定行之

第十條　專辦水利官員應予以記功嘉獎之獎勵或記過申誡之處分者由各省建設廳以廳令行之

第十一條　各縣縣長辦理水利應予以升叙之獎勵或免職之處分者由各省建設廳會同民政廳詳叙事實呈由省政府行之並報內政部備案

第十二條　各縣縣長辦理水利應予以加俸之獎勵或停職及減俸之處分者由各省建設廳會同民政廳擬定加俸減俸金額或停職期限呈由省政府核定行之

第十三條　各縣縣長辦理水利應予以記功嘉獎之獎勵或記過申誡之處分者由各省建設廳會同民政廳以廳令行之

第十四條　各縣建設局長辦理水利應得之獎懲均由各省建設廳以廳令行之

第十五條　本條例規定功過得互相抵銷其記功或記過二次者但抵記大功或大過一次

第十六條　每年考績均於年終行之並將辦理詳情由省政府轉報內政部備查

第十七條　本條例自公布之日施行

包西各渠設置苗圃辦法

一　包西各渠應每渠設置苗圃一處由各該渠水利公社負責辦理之

一　各渠苗圃應設於本渠適中地點擇砂質土壤之平坦地段能隨時灌水者爲適宜

一　每苗圃以五十畝爲度第一年作業面積爲二十畝就中插栽楊柳枝條十五畝播種榆樹五畝其餘三十畝爲以後歷年移植及插枝播種之需

一　苗圃地段擇定後圃地周圍應掘築土楞將圃地深耕一次圃內分做步道水渠斷畫爲區治成苗畦以便插枝播種

一　各渠苗圃育成苗木除供本渠渠背造林之需用外得發給本渠各種地民戶分別自由栽種

附方法

(甲)楊柳育苗法　將苗畦整理妥後取二三年生物柳枝條粗如指大切成尺長在畦內規定距離四寸整齊排列用錐形植棒斜引成穴將枝條按原生順序插入穴中踏實其土壤勿使稍留空隙插枝露出地面的八九分斜度向陽經過約一個月萌芽自出須剪使每株僅留一枝以利發育三年即可起出造林植用

(乙)榆樹播種法　將苗圃治平壓實上水一次用撒播法將榆子每畝約淨榆子三斗勻撒畦面覆土三四分厚再溉水一次遮蓋稻草一層以防乾燥約六七日萌芽出土即撤去蓋草隨時灌溉至二年春季起掘施行移植一次即可造林植用

附各　渠插枝造林法

一利益　渠背造林樹根盤繞土中可以團結土壤免除渠背崩決之患異日成材可資利用再有餘材尤可售得代價補助渠工

一地段　包西各渠無分幹支渠其兩岸或堤背地段均須次第植樹造林以資保護

一年度　包西各渠應限於三年內一律造林竣事以減少潰決冲淹之害

一樹種　本省所產楊柳或杞柳氣候土宜均易生長

一方法　每年清明穀雨之間或秋季落葉後取粗如手指之楊柳樹二三年生枝條切爲尺段用錐形植棒斜引成穴各穴距離尺五至二尺斜度北向將枝條以序插入外露及寸切忌插傷皮部用足踏實灌水一次即可發芽

一培護　枝條成活後次春將每株叢生條枝酌剪數枝以兆發育二年後即可取植造林但宜隨時防範人畜一切之加害爲要

完成包西渠利貸款辦法

第一條　綏遠省政府建設廳爲完成後套三湖河中灘等處渠利起奉總司令閻令准向綏遠山西省銀行貸款四十萬元按各渠需要分別貸付

第二條　綏遠山西省銀行貸給各渠之款應由綏遠省政府建設廳照下列各條負責償還

第三條　凡各渠水利社必須借款完成之渠先將修理渠道計畫及指定灌域若干并所擬借款之數由董事會議定會同正副經理一併呈由該管縣政府暨包西水利管理局轉呈建設廳核定

第四條　前條所定各節經建設廳核定後准借若干即責由各該渠水利社出具借據由各董事暨正副經理署名蓋章呈由該管縣政府暨包西水利管理局轉呈建設廳通知綏遠山西省銀行照數貸付

第五條　貸款利息定爲月一份二厘按年清繳

第六條　歸還期限由借款之日起足滿一年還三分之一其餘以二年爲限每年各還三分之一由各渠水利社正副經理董事等並所在地地戶依限籌還嗣每年應出利息必須每年付清還本付息時期至遲不得過陰曆十月

第七條　所貸之款至期不能歸還由省政府建設廳令該管縣政府及包西水利管理局會同查明情形勒令借款各渠照前條規定辦理但經理人如係營私舞弊任意揮霍以致虧累者應强制該經理人償還

第八條　各渠經董倘有更換對於前任經董借款如查無第七條所定但書以下之行爲者應由後任經董繼續負責不得推諉

第九條　本辦法經政務會議決定後由綏遠省政府建設廳與綏遠山西省銀行訂入貸款合同實行遵辦

完成包西渠利貸款合同

立合同　綏遠省政府建設廳　綏遠山西省銀行　爲綏西河套修渠需款案

本年一月二十五日特令

總司令閻電令准綏遠建設廳由綏遠山西省銀行借款十四萬元茲將借款辦法詳列於左

一　綏遠省政府建設廳向綏遠山西省銀行因修渠借款總額以十四萬元爲

一　借款時須分數次每次自當款日起息定爲每元月息一分二厘按年清繳由建設廳出給借款印據廳長署名交由銀行以作信證

一　每屆還款以借款之日起滿足一年先還三分之一其餘以二年爲限每年各還三分之一由建設廳依照限期本息一併清償

一　原借款係何種幣制應以本息仍按原幣清償

一　本借款由綏遠省政府擔保負籌還之責

一　本借款以綏遠墾務總局全年歸公收入作抵凡收有墾款應隨時逕交綏遠山西省銀行專帳存儲以本息還清之日再行提取但不得存儲他行號

一　本合同成立後由綏遠省政府呈報晉察綏總司令部備案

一　本合同經雙方同意由綏遠省政府政務會議通過共繕二份由綏遠省政府建設廳綏遠山西省銀行應蓋印章各執一份以資信守

綏遠省政府建設廳
綏遠山西省銀行訂立

廳長

經理

綏遠省政府　印

主席

二一

包西水利輯要

綏遠渠總局　印

總辦

綏遠建設廳負責催還包西渠工借款辦法

第一條　綏遠建設廳爲包西水利事宜由廳管理所有水利公社積欠綏遠平市官錢總局渠工借欵息本洋三萬九千七百三十元八角六分息利洋三千八百二十八元四角六分七厘共計本息洋四萬三千五百五十九元三角二分七厘由廳負責催還

第二條　綏遠平市官錢總局前借給各渠之欵應由綏遠建設廳照下列各條負責催還

第三條　各渠水利社應照單列領過息本更立借據積欠息利定期歸還由董事會議定會同正副經理一併呈由包西各渠水利管理局並該管縣政府或設治局轉呈建設廳核定

第四條　前條所定各節經建設廳核定後即責由各該渠水利社出具借據由全體董事暨正副經理署名蓋章呈由包西各渠水利管理局并該管縣政府或設治局轉呈建設廳送交綏遠平市官錢總局存査

第五條　歸還期限由更立借欵之日起足滿一年還三分之一其餘以二年爲限每年各還三分之一由各渠水利社正副經理董事等等所在地地戶依限籌還惟每年應出利息必須每年付清還本付息時期至遲不得過陰曆十月

第六條　所貸之欵定期不能歸還由建設廳令該管包西各渠水利管理局暨該管縣政府或設治局會同查明情形勒令借欵各渠照前條規定辦理

第七條　此項渠欵截至十八年三月十五日止爲一結束之期

第八條　本辦法經商訂後由綏遠建設廳與綏遠平市官錢總局訂入貸欵合同實行照辦

包西各渠經理董事一覽表

渠別	正經理	號別	籍貫	副經理	號別	籍貫	董事長	號別	籍貫	董事
包頭第三區各渠	賀級三	連陞	烏拉特西公旗	王錫欽		河北	劉蘊齋			王存智 馬子華 王元 王陞 賀安春 王李鎮 劉常沛 郭鴻賓
塔布渠	馬得海	步雲	河南	安禮 孫成龍	和卿	山西代縣	劉存義	子宜	五原	王世榮 劉存仁 侯昇雲 韓玉 馬貴來 常銀羅 田有拉 于宏
長濟渠	楊嗣殷	佐周	河北	劉忠烈 冀才	運明	山西保德	楊瑞麟	子雲	陘型	李得新 郭祥 蔣三級 張拴居 張恒 常三撓 何沥淵 安汝輯
通濟渠	郭維綱	子常	五原	白義怡	英俊	山西	呂鳳鳴	岐山	五原	趙喜元 丁有明 劉志天 袁俊 白怡義 王拉居 趙光 劉旭堂
義和渠	武勇	勳臣	山西	崔雲程	步青	山西	薄恒亮		五原	劉裕堂 辛崇業 張映奎 呂鳳鳴 段保成 李維垣
沙河渠	張映奎	文卿	山西河曲	閻二慶		山西	劉世傑	子俊		郭連和 閻大慶 盧俊山 辛在子

豐濟渠	田全貴	喜廷 吉林	張威	振遠		陳萬山		王政仁 印元保 馬花狗 王玉馬 馮在 楊福來
永濟渠	韓增祿	仁山 臨河	呂寶山 劉子鑽 南靈虛		雲峯	楊正業 汪治泉	臨河	陳占財 韓道明 劉富存 李鴻 苟在堂 王克仁 何湧順 田中木
黃土拉亥河	李皐	鳴鶴 臨河	陳彥清 劉長			傅正業		劉長義 張應 張文煥 武增光
剛濟渠								
楊家河								
烏拉河								

附記

一、烏拉河向屬永濟渠管理

一、楊家河自行經管認繳經費一元五角

一、剛濟渠歸併永濟渠管理

包西各渠水利管理局規定分配各渠監督人員表

渠別	人員	辦法
長濟 塔布	蘇德崇 李國治	約期更番分駐 工次督修稽核
永濟	蘇繼善 趙士英	仝上
包頭第三區各渠	李之實 李鈞儀	仝上
義和 通濟	賈培德	往來工次督修稽核
沙河 豐濟	馮龍藻	仝上
黃土拉亥河 楊家河	劉偉	仝上

紀錄及計畫

綏遠省政府建設廳召集第一次包西各渠水利會議紀錄

時間　中華民國十八年四月二十八日上午十時

地點　包頭抵產局內臨時會場

主席　馮　曦建設廳廳長

秘書　周晉熙墾務總局秘書

紀錄　烏濟時建設廳包西水利主任

出席　馮世偁包西各渠水利管理局局長　宮兆麟包西各渠水利管理局副局長

孫文彬墾務第三分局局長　王井民剛濟渠水利公社經理

呂寶山剛濟渠水利公社副經理　楊正棠剛濟渠董事長

郝中衢山東移墾事務所副主任　田全貴豐濟渠水利公社經理

陳萬山豐濟渠董事長　賀級三包頭第三區各渠水利公社經理

郭鴻賓包頭第三區各渠水利公社副經理　劉治邦包頭第三區各渠董事長

王　陞公濟渠董事　費峻如公濟渠董事

王錫欽西大渠董事　張發祥西大渠代表

包西水利輯要　紀錄及計畫

王銀維　東大渠董事　王　鵷　東大渠代表

侯　東　沙河渠水利公社經理　蘭二慶　沙河渠董事

武　勇　義和渠水利公社經理　劉裕堂　義和渠董事

馬得海　塔布渠水利公社經理　安　澧　塔布渠水利公社副經理

劉存義　塔布渠董事長　冀　才　長濟渠水利公社副經理

楊瑞麟　長濟渠董事長　韓增祿　永濟渠水利公社經理

汪治泉　永濟渠董事長　白怡義　通濟渠水利公社副經理

呂鳳鳴　通濟渠董事長代表　李　皋　黄土拉亥渠水利公社經理

劉　寶　黄土拉亥渠董事長代表　楊嗣殷　長濟渠水利公社經理

列席

劉郁文　陳大祿　周　富

劉蘊齋　馬　凱　李廷玉

劉運先　翟五十一　胡先華

苗三槐　鄧補發　陳殿明

蔡滿倉　劉鳳山

（所列姓名職務係以簽到簿所簽署爲根據）

報告事項

主席　今天召集諸君在此開會主要宗旨係爲求整頓後套及三湖河的水利亦即是本廳接管包西各渠後第一次的集會此項會議原擬親赴五原舉行並且早日開會但因徐主席前往北平本人兼代省政府主席事務以致不能分身前去不得不勞大家到包一行再者早擬開會又何以延遲至今則以李局長因病言去始而嘱其在局調治既而伊病一時難愈本廳對於局事又不願遽易生手以致輾轉日時迨伊以病重堅請辭職而渠工在即期間又極迫促遂不得不准其辭職委馮局長暫行兼代因此之故所以延至如今方始開會關於開會意義早經本廳令行管理局轉知各公社想大家均已知道現在渠利之事國人每每談起後套三湖河均謂爲綏省菁華之區幾乎有代表綏遠全省的價值但是我們反觀自省起來土地雖大近年來渠果如何淤澄所致有名無實諸君生長於斯或久居於斯定所深悉假使再過數年試問又將如何凡此情形誠不能不歸過於官廳因爲從來官廳對於渠務只知收款開支不管修工馴致養成壞習慣而地方方面則均只顧目前不顧遠大只顧私利不顧公益偶有關於公衆利益的事官廳又不協助倘若長此以往恐將來各渠之廢壞尤有甚於此時此我地方官廳及民衆所最當嚴重注意者余於民國十五年總辦綏墾對於渠事認定僅恃官辦官好則辦得好官不好則一定辦得不好至爲危險故此提倡官督民辦其後經孟前總辦時期將各渠水利公社組織起來大致規模算已粗具渠道久廢竟得此佳好機會實爲地方之幸事不過官廳儘管盡力督率是一方面民衆能辦不能辦爲兩問題所謂能不能即是地方方面對於渠事能發盡力振興與否以及不良習慣能發一律剷除與否的意思諸君從事於渠余甚希望努力爲之自去年以來計畫修浚包西各渠恐民力之未逮特請閻總司令允准向山西省銀行商借貸款拾肆萬元以爲借給各渠籍資本年各渠整頓修挖之補助其所以貸借如此之數目係經徵詢所得大概估計現擬重與諸君商榷有所不敷總得大家努力設法籌集關於在事各人如余與今日與會諸君暨未及到會而身爲經董者統

須一洗從前不良習慣竭盡能力一直做去貸欵補助修挖企圖獲得水利水利所溥包西定可日進發達余之希望定卜圓滿達到余不禁爲大家賀但换一方面言之余亦不禁爲大家哭所賀者大家對於修工力有不及得此貸欵之資助得到上述之良好結果民衆生計立臻於充裕地步以故大可言賀藉使非然所有私利觀念不良習慣一概不能改革剷除勢必致依然辦理不好卽官廳無論如何熱心幇助無奈地方始終不熱心辦理惡劣成績既經暴露則將來之機會愈遭難逢以極好之包西地方而自已辦不到好處寧非天下最可痛哭之事余不敢不向大家痛切言之并有附帶報告者貸欵之事醞釀已五閲月即大家得知亦已逾三月在此五閲月中卽已着着籌畫步步進行煞費經營多歷周折迄於來包之前五日省行方面尙且幾欲中變中經多方幹旋始得承允不過又復顧慮省政府對於所貸之欵無確切之抵當擔保深恐一去不返損失堪虞並有鑒於上次各渠向平市官錢局所借之借欵至今應付本息均未按照定期履行以致省行爲自身營業利益計亦良不得不愼重考慮經余又復電陳總司令至十五次嘱盡心血情甘担保其後議始又定但是省行方面既允又變實有二個原因一爲前鑒不遠前已言之二爲有難處蓋雁門各縣自經戰後原有渠道完全毁壞今年亦正須貸欵修工省行在應付上委實不及兼顧包西之事不過以目下言則雁門尙未辦到而包西先已辦到特於此附帶報告諸君知道此并非見好於諸君及我包西地方民衆之意乃是希望到會諸君並俟回渠轉告未到會而有關於渠之諸君自此次會議商定一切之後務須痛除積習盡捐私利大家用十二分心力官廳當與地方共同努力以全副精神謀在今年修工將各渠早爲完成各渠有所建議儘可提交以便分别決議或有應爲本廳職權決定者則付之審查決定自此次會議後各渠在事諸君對於決議決定各事務要依照實做不容再稍有諉延此係余所厚望於地方諸君者又因徐主席現仍未返綏垣省府事冗極望盡一日之力將應商事件一律商議完竣方好

馮局長世偁　世偁來綏期間甚短到後套期間尤短辦事經驗既少於水利更無確切的研究此次因李局長病辭水利管理局長李廳長電召到綏欲委以兼代局務當以精力不及未敢遽承良以此中關係不第對於後套中灘關係且係對綏遠全省命脈所在

在弟個人豈敢對於數百萬同胞及長官輕言嘗試只因廳長以接替無相當之人恐誤水利進行一再諄囑重以後套中灘各渠經董地戶諸君多與世儕感情甚好反復思量不能不犧牲一切盡力從事否則如此重大之責任斷不敢毅然決然担任世儕為此上有廳長下有經董廳長又以宮局長來襄局事和衷有人此後對於渠事亦唯有秉承廳長之意旨容納各經董之指導大家努力共同工作此係就世儕個人方面情形而言至於今日在此召集會議之意義早已轉知今又蒙廳長說明勿須再為贅述只有希望就今日之會議將官廳與地方應行商決各事逐一商決其有非會議所應解決者則陳呈廳長聽候決定令行遵照至此後辦理各渠事宜上則盼各位經董隨時加以不客氣的指導使世儕對於將來進行不致稍有隕越此乃弟個人對綏遠對大家的一點希望

周秘書晉熙　鄙人自民國十四年以後未曾再到後套三湖灣等處去年又復遠役平津服務於交通界以致現在對於後套三湖河各渠之最近狀況苦未能詳悉眞象但鄙人以沿革上關係因綏災奇重地方痛苦異常故在平津對於中外各慈善團體迭以私人資格乞請賑濟各方面曾有見詢以綏遠救濟方法者鄙人則常以治標治本兩項答之所謂治標即言春耕缺乏種籽必有賴於接濟所謂治本則水利一端實為久遠之圖此時尤為當務之急蓋綏省與察哈爾不同察省無水的來源便無水利我綏則黃河迤邐自來以惟富一套著稱於世疏導利用誠屬事半功倍但時至今日反觀自省乃竟適得其反不第不富一套抑且盡成荒蕪此即不善利用之明徵幸馮廳長注重民生對於包西水利尤復提倡不遺餘力此我綏西同胞千載一時之絕好機會鄙人服務桑梓而水利事宜建設廳另有主管之人在職務上並未負有任何責任平日亦未參加任何意見但以後套中灘之與全在渠道欣逢馮廳長煞費苦心各方接洽用謀以工賑性質修挖完成而救濟我綏西諸同胞此種極大極佳機會鄙人不能不額手稱慶亦不能不追隨提倡即如此次補助修渠貸款一事馮廳長盡力斡旋極費周章電陳閻總司令至十五次始得促成迄於昨晨方為定局假使不獲如此及對於銀行方面無相當之接洽則恐一切無從進行此乃晉熙最近幫助廳長建議的原因至於渠

務事項建設廳管理局實負責任但對於渠工進行辦法習熙一知半解無不盡言緣鄙人提倡修渠已非一年就今日論適纔廳長所說官廳與地方應當痛除積習盡捐私利共同努力以謀完成一番名言讜論實爲對症之藥至堪令人欽敬鄙人不良敬敢奉勸諸君務要趁此大好機會同心合力的實做起來不好的習慣一律去掉優好的做自然我綏西固有的水利利源不愁不能挽回況且包寧一帶勢在必修農產物之運輸當然便利西北最大之利源亦即是我西北同胞幸福之所在盼望諸君切實秉承廳局一秉大公的努力工作并且預祝早日成功

孫局長文彬　文彬今日以綏遠墾務第三分局局長參加盛會私心至爲榮幸因爲去年對於水利事宜在墾務局兼辦時期曾經幫着大家胡亂辦過些日子今天特說幾句極簡單淺近的話今年各渠修工上得到極大之幫助在民衆方面實在是最便宜的事何以言之諸君試想晚近以來辦理水利誰曾拿出如此大欵過來即如從前灌田公社等等只管收欵沒做過一鍬土的工這是大家所共知的今年廳長代爲籌畫貸欵至十四萬元之多完全由於維持民生起見這正是實現民生主義目下社會經濟如此恐慌試問在各縣鄉間農民要借幾塊錢欵得出利息押產業有保人還須有出借的人纔借的成是如何困難如今廳長給予包西民衆以如此鉅額之接濟解決若許之困難在民衆應當如何辦理方可以仰副此種厚意本席意見以爲只有大家澈底的努力工作方有以對廳長對自己并且渠是大家的渠與大家自身有切己利害的關係願大家注意實行纔不辜負廳長維持民生的一片苦心便也是文彬區區的一點願望至於三湖河渠工聯帶本人職務更願隨贊諸公進行

討論事項

（一）審核各渠所估工程分配貸欵案（主席臨時提出）

主席（說明提案理由）現在限於時間我們應先將貸欵之分配酌量各渠需要之比例商量定規以便陸續討論本廳預先擬定應行研究的各個議案所以特提前提出此案并且有應當先行說明的照李前局長榮轉各渠估計工程統共需欵不下二十二

萬餘元再加三湖河一部分倘若完全如了大家的意思恐非有三十萬元之欵不可現在我們僅僅借到了十餘萬元又不能再行追加貸欵欵少工多所以在此種關頭必須有賴於大家努力原來計畫纔可以告成功我有兩個意思對大家說其一大家分投努力將各個渠均都修好自然是最好其二萬一力有不及就要先儘緊要的工程做民力一時不能擔負的可以暫時從緩想法慢慢再做現在可以拿貸欵作爲基礎貸欵不足之數應由民戶籌担能够完全修好那固然是我們唯一的希望現在應當先就各渠原估工程計畫逐一研究即便將貸給的欵數分配決定請周秘書按照管理局彙轉各渠公社所呈計畫估工原摺並將本廳對於所估各工審核指示之點挨次宣布以憑大家研究

周秘書　今日開會之間又接據各渠聯合送到估工摺呈一件內容估計各數目微與原案出入茲特一併宣布以便討論

（朗讀塔布渠原呈計畫及新估摺呈）

塔布渠原案估算須做工七段用欵二萬三千三百餘元而現在新呈摺內所列則係四段工程用欵五萬五千元比較起來前後兩歧請塔布渠負責人說明究竟按原案做抑或對於原案另有理由須爲變更

馬德海　今日所遞各渠聯合摺呈係昨晚所辦事出倉卒約略估算仍應請依照原案討論並非有何變更

周秘書　（朗讀建設廳審核塔布渠原案指示結果）

馬德海　鈞廳所指塔布渠芥菜壕一段腰高一節乃係過去事實因去年修挖曾經深下一尺如今腰已不算甚高

安　瀛　本渠工程上年挖過五百七十丈稍帶舊口共九百七十丈其餘走天生壕均未曾挖過共走八道彎將來取直約須做一千七百丈用欵五萬元并須完全劈幫下底方爲妥善

馮局長　所說本年做法究竟係要截彎取直抑或要劈幫下底卽是須得用欵五萬五千餘元抑或須用二萬三千元

白怡義　八道彎一律取直恐需做三千一百丈纔行似宜視欵項如何酌定之

楊瑞麟　此項做法渠線之經過大與糧地有關務宜先行研究否則必有問題

主　席　現在要點係討論如何做法不過截彎工程較大其一經過糧地能否自用其二要注意貸款統共僅有十四萬元因此只能以照原案去做諸詢有無異議

安　禮　可以照原案修挖

白怡義　上游工程必須澈底下游工程可以量力撙節

主　席　現既決定照原案做所需之款係二萬三千三百餘元擬分配貸款一半其餘自籌

安　禮　去年修工拖累甚重今年民力實無再籌鉅款能力應請多爲分配以期興工

主　席　今年之款係爲修今年之工與去年虧累係爲兩說萬不能併爲一談此點[illegible]應到會各渠負責之人一律嚴重注意

馮局長　塔布渠乾涸十有餘年今年地又放墾民戶尚須担負買地繳款關於修渠委實困難似須酌量情形稍爲增加貸與之款

主　席　二萬三千餘元之工程貸給一半已屬體察其困難從優分配既是如此情形最多貸與一萬八千元務須按照原案所估各工以次去做其他大規模之工程只可俟諸明年

安　禮　既蒙貸給一萬八千元自當努力辦理

周秘書　現在繼續討論義和渠工程

（朗讀義和渠原呈計畫及新估摺呈）

義和渠原案估算須做五段合土方十二萬七千方用款四萬三千三百餘元今日接到聯合摺呈則係三萬八千二百二十元是何緣由請義和渠負責人說明

武　乃　原案多估土方三千餘係同委員由沙畔尋口多走數里今日聯呈所列三萬八千餘元係將不緊急之工程酌量減除即請

照此討論

周秘書　（朗讀建設廳審核義和渠原案指示結果之一二兩項）

武　勇　義和渠所澆城基地不多

周秘書　所估此項工程做去有無把握

武　勇　按照做法渠口已直接黃河

主　席　修工既已決定用欵一萬貸欵應撥與一半合一萬九千元餘由民戶自籌

周秘書　（朗讀建設廳審核指示應由什拉胡慶素民戶組織公社各情）

此係本廳提倡水利之一種指示現在特别帶報告大家知道

武　勇　本渠民戶連年困苦仍請多借些欵

主　席　借欵是補助性質主要還得民戶自己擔負試問挖渠果爲誰挖且此項貸欵須兼籌各縣統通分配仍應暫定一萬九千元

武　勇　謹當遵照努力做去如各渠分配倘有餘款仍希望酌爲本渠增加

周秘書　現在義和渠討論終了繼續討論永濟渠工程

（朗讀永濟渠原呈計畫及新估摺並建設廳審核指示結果）

本渠原案估用二萬零九百五十二元新呈內列渠口除外四段工程需用一萬八千餘元本廳審核原案時曾指示以修挖西大渠而新呈則謂所指示與事實不符此事不第永濟本渠民衆應予注意即有關水利者莫不應予以注意倘顧目前將來恐噬臍已晚

韓增祿　西大渠地形稍高們不若照原案興做且西大渠正幹寬十二丈其工較大

主　席　永濟上游水勢極大下游倘不玄大實恐不足宣洩此事將來必須妥慎籌畫至於目下所討論者應以此次做法究應按照

原案抑或依照今日聯合摺呈所開

汪治泉　原案係經與李局長等從長商量所定擬目前當可實行請仍照原案討論

韓增祿　照原案是需款二萬零九百五十二元

主　席　應分配永濟渠貸款一萬元不足之款由民戶自籌

周秘書　現在繼續討論通濟渠

（朗讀通濟渠原案呈計畫及新估摺呈審核指示）

原案估十三萬六千餘方用款四萬七千七百餘元新呈摺列係四萬零九百二十元因何兩歧請通濟渠負責人說明

白怡義　此項不符係因土方價目今日所遞摺呈一律照三角合算故而兩歧原計畫並未變更

周秘書　原案計畫既未變更而建設廳對於原計畫審核指示要緊問題在於研究渠口的尋覓

主　席　今後務宜長濟與通濟分口總爲妥當且關係永久之計余意以爲此渠工程如何做法貸款如何分配可作最後討論因爲覓口不着即使修挖終無效驗必須將口擇定然後修工用多少款纔能決定貸款分配纔有標準

白怡義　廳長所說甚爲當要此時本渠倘若找不到新口即便官廳借給款項本人不亦不敢妄爲擔任

周秘書　義和渠之病重在於口所以得先說口而全渠工程乃係一口一稍

白怡義　原計畫上游二十里工程即連口在內所估用款亦係勻配計算

周秘書　綜合大家意思無論長濟下渠或義和仍使舊口統非即速所能決定可照主席意見作爲最後從長討論現在繼續討論長濟渠

（朗讀長濟渠原呈計畫及新估摺呈並建設廳審核指示）

本渠所佔工程需款二萬七千三百八十元但其中大有公一段恐地形低過

賀　財　計畫大有公渠背西一段擬就原渠附近彎抹截灣相去最遠不過一里其他似亦不低將來實測時一測便知仍請依照原案討論以資進行不致有何外錯

主　席　本渠所計畫既有把握不致有何外錯甚好但要問去年曾澆過多少地

賀　財　去年澆過五百餘頃今年若將正稍挖好可能澆地千頃不至爲難

主　席　照歷年及今年澆地情形說來民戶尙有餘力此次貸款應定分配一萬元

賀　財　上年雖曾澆地實亦困苦仍望多借

主　席　此關通盤分配暫定一萬元先繼續討論其他渠容將來研究

周秘書　現在討論剛濟渠

（朗讀剛濟渠原呈計畫及新估摺呈並建設廳審核原呈指示結果）

剛濟渠原案估計四段工程今據摺呈內又復追加兩稍

主　席　從前對於此渠修濟本擬暫且擱置現在山東移墾事務所副主任郝中衡君來稱對於修挖剛濟除官廳貸款補助外山東移民方面可以負擔所以又須討論以便已廢之渠得以修復但墾民方面能擔任款項若干應由郝君確實表示

郝中衡　此次來綏所携現款本爲不多況須修挖支渠即需七八千元故對於剛濟幹渠之事官廳既然貸款協助本人自當竭力幫助起款

主　席　但移墾事務所對於墾民此後不能再如從前之放任從事必須嚴爲約束使之安分守法倘有不聽約束不守範圍者應即開除其移民籍

郝中衡　近二年來因無法進行敷致諸事敷衍今後修渠既有辦法自可整頓經營

主　席　所謂移民開墾必須按照原日規定每人自種地畝一頃方爲墾民此種墾民不但修渠費用應當擔負無容疏諉即地方上一切負擔亦應當與一般農民盡同等之義務官廳對之亦一律待遇並不稍有歧異苟有偏畸墾民儘可陳訴

周秘書　此渠修挖與否之關鍵既在移民地則郝副主任對於進行應提出相當之意見以憑討論且從前曾有借永濟渠水之擬議目下是否有繼續前議之必要並永濟渠方面對之有何意見統望郝席一併詳述

韓增祿　從前剛濟渠因永濟渠倡議欲永濟出資故未解決

周秘書　從前既無決定現在仍就計畫修挖原案研究爲是

主　席　原案估計工費二萬二千餘元用如此之鉅款以挖渠究竟能澆地若干應由該渠負責人說明

呂寶山　上游澆杭錦旗地一百五十頃下游澆移民地共三村約地三百餘頃原是估工係謀另找新口

韓增祿　剛濟工程渠若欲修挖適用大可以分爲兩年辦理今年先挖舊口澆上游之地其下游之地永濟渠可以幫助以爲臨時救濟之計俟明年民有餘力再行全修本年人民負担上可以減輕

主　席　此種意見甚爲妥當如此辦法有一萬元即可挖通

郝中衡　韓經理所說辦法甚好但莫若覓一種一勞永逸之策民戶可以少挖支渠多擔負些亦無不可

主　席　可以照原案計算以二萬元爲標準官給一萬元其餘不足上下游各擔五千如何

呂寶山　可以即照如此決定去做

主　席　現在繼續討論沙河渠工程

周秘書　（朗讀沙河渠原呈計書及新估摺呈並建設廳對於原呈審核指示之結果）

本渠所估四段工程共需款二萬二千餘元

主　席　上年有坐觸毀渠情事拉堪痛恨此次所估工程應將其所毀部分除外方爲公允原案所估是何情形應由該渠負責人明白報告

侯　琪　所估用款之中業已將上年淤毀之處所需修挖之費除去計算緣上年所淤三段一經冬凍多已拉好今年估工之際已擇出尚未拉好之處責成民戶賠修

主　席　沙河情形民力較裕此次貸款應分配八千元不敷由民戶擔任繼續討論他渠

周秘書　（朗讀豐濟渠原案及審核指示）

主　席　豐濟工程既不大民力又有餘足以自了無須借款

田全貴　去年修渠耗用六千餘元尚有借累未清今年工程亦必須加背還請廳長酌量補助

陳萬山　本渠原可自了誠如廳長所說但連年被匪目下情形已非昔日實屬不能自了

主　席　今年貸款係爲修今年之工不能與去年墊借各債事混爲一談今年修工必須實糧體察所稱各情形應分配貸款一千五百元以示本廳提倡之意少借少還其餘仍須地方大家努力

周秘書　現在繼續討論黃土拉亥渠

（朗讀黃土拉亥渠原呈計畫新估摺呈及建設廳審核指示結果）

前日臨來包時廳中曾接臨河設治局電報請借款二萬元修渠原案計畫需款一萬七千五百餘元今日所呈摺開數目亦屬相同並無變更

主　席　黃土拉亥本係完好之渠連年澆地不少民力綽有餘裕本年所需不及兩萬一面由貸款補助一些一面應由公社盡力籌

集務使修挖通暢爲要

李　皋　近兩年來情形亦不甚好希望廳長多爲借給款項以資興修

劉　寶　連年受軍事匪災影響本年修渠還多賴於官廳借款幫助

主　席　黃土拉亥借給五千元

李　皋　儘可大家去湊合着辦去

周秘書　現在應當繼續討論烏梁素海子工程此關係後套各渠洩水水利管理局原呈築案曾經計畫

（朗讀原案及建設廳審核指示）

主　席　今年工程係就貸款之補助擇渠工之緊要此項烏梁素海子之修挖據估需款二萬餘元目下遽難辦到所有計畫應予保留以待將來另行籌辦

周秘書　（朗讀原呈扒子補隆渠修挖估工清摺及建設廳審核指示）

扒子補隆教堂渠原係專渠其所澆之地大部分可以塔布渠引澆今年塔布挖好所有上扒子補隆海素一帶各地統可淌水水利管理局計畫所估六股工程需款一萬一千元在現時情況之下似覺不暇及此

安　禮　近來扒子補隆教堂已經從渠口着手挖渠特併報告

主　席　修渠係一種投資事業譬如投一萬餘元之資本可以取得倍雜此數之利益方爲合算此渠可澆之地倘若可以塔布代替引澆塔布又勢在必修以故此項估計應俟塔布挖成仍有澆不到處時再作第二步辦理剩下可從緩議

周秘書　（朗讀包頭第三區各渠水利公社原呈本年修挖估工清摺及建設廳審核指示文）

賀叔三　對於今年挖渠築閘計畫已經與管理局公共商擬載在原呈案內現在本社另有建議書提出大會請一併付諸討論

周秘書 （朗讀包頭第三區各渠經董及代表等建議書）

綜閱本建議書内容建議各條多係建設廳預備提案中所已有應否歸提案中合併議之

馮局長 自當合併討論

周秘書 建議書原文署名之人劉治邦等均僅只列名並未加蓋名章是否有何情形抑係漏章請自行說明

王錫欽 純係漏蓋名章即應補蓋

劉治邦 漏章當然補蓋並無其他情形

主　席 建議追加工程一萬二千元一節此時款已分配且亦有數目限制早曾說明儘緊要的工程做如何能再擴充本廳審查該社原案對於王六子壕之修挖應分配貸款三萬元但須俟詳細實地測量後及能澆範圍之地畝報聚招放時方准撥由貸款以求核實原案内所宿公濟渠接挖關係完成該渠應分配貸款五千元又西官渠修挖較急應分配二千元均先行撥付以便早日興工至於各支渠絕對的由民戶自行籌修不能補助以歸一律

王錫欽 西官渠既撥給借款西大渠亦應借款

主　席 貸款有限容俟將來有大宗款項再行籌畫補助此外尚有何項工程應繼續討論

周秘書 （朗讀包頭第四區擬修公議洪水公生三渠估工原案及建設廳審查指示文）

主　席 關於此事有兩個問題一則如此鉅大工程實行時須官廳盡其責任先行實地測量方可以有把握目下未及遽辦二則所用之款爲數太鉅菲目下所能即辦此種實情當爲大家共見共知然亦不能從此擱置余對於本省各渠提倡修濬業已列表請求華洋義賑救災總會幇忙工賑借款七八十萬元以資興辦如得該會之同情將來必派員勘查以現時綏省財政力量非待此種款項不能辦理余當隨時爲之注意不但興和托克托等縣有待於此即後套三湖灣等渠此款一到亦可以仍然補助茲特因便報告

大家知道

周秘書 本年計畫原案中各渠工業經逐一提商僅通濟渠事尚待討論

白怡義 通濟渠口流成套子上有義和擋阻下有長濟擋阻倘若兩均不讓通濟本身實無辦法况其間又於復泰昌私渠

主 席 渠口不先究定修挖等於徒勞非先將渠口問題研究妥當不可

白怡義 此事非僅關係通濟一渠請到會諸君公共研究有了辦法再向各渠商量

田全貴 有關係的各渠互相討論只要於公共的渠有利益不管私渠願意不願意從前曾有說公家要將官渠渠口讓給私家渠去用的話那是絕對不能的事如果那麼讓其如民衆何

武 勇 就常地形勢說長濟可以尋口並且長濟佔不了通濟的口

呂鳳鳴 鄙意長濟讓通濟亦不妨事鄙人在長通兩渠均有地畝此種說法甚爲持平

主 席 此事與其懸空討論不若實地履勘後各渠諸君夙有經驗應當由管理局長會同各經理等此次會議回去之後大家合力去實勘一次並且持平評定主張公道將渠口問題決定了以便動工此時我先定一個貸款的假定數目

楊瑞麟 主席所說辦法甚爲公允

安 禮 塔布渠去年曾經看好開口之處當時因爲有礙於長濟渠所以並沒開挖這原是大家互相關顧的意思此次進行亦望大家出以互助的精神

主 席 通濟渠貸款暫定貸給一萬五千元爲假定數

周秘書 叄加計畫修挖各渠都已議完倘有隨後請求之吳祥渠據吳祥請願將舊渠報歸官廳修挖可澆地數千頃惟並未詳細估計應俟管理局查覆明白再行辦理

主　席　關於貸欵已經本廳擬定完成包西渠利貸欵辦法經過省政府之決議令行管理局轉知各公社現在並應就便報告大家知道

周秘書　（宣讀完成包西渠利貸欵辦法全文）

主　席　各渠工程事項及貸欵數目大致均已說完惟貸借之欵俱係晋鈔其掉成本省鈔票市價應有加頭究竟如何折合須有一律辦法方足以昭核實而免弊竇此事惟有在綏撥交各銀行號滙到包頭於一個日期撥付大家以便換算庶可以一致免得彼此紛歧各領欵人反多麻煩此時借的晋鈔得了升加將來還欵時仍然給還晋鈔實為正當辦法又時間業已不早大家同要休息今晚六時仍在此繼續開會討論

時間　四月二十八日下午六時至十二時繼續會議

主　席　現在繼續會議可先就本廳所提出各提案逐一討論然後各渠有何提案再行以次研究

（一）修改各渠水利公社章程案

周秘書　（宣讀提案理由原文）查現行包西各渠水利公社章程係上年　綏遠墾務總局兼辦包西水利事宜時期召開包西水利會議所規定現在管轄既已變更管理章程又會頒定所有水利公社章程原定條文實有重加修改之必要茲由本廳擬具草案依原章第三十四條之規定提付大會討論公決（重加說明並將條文草案二十八條逐條討論）條文另刊

（決議）　照原案通過各公社遵照修改

（二）規定各渠築閘地點及各閘地段內澆地畝目並禁止築壩案

周秘書　（宣讀提案理由）查改壩為閘為本廳今後治渠之唯一必行辦法而包西各渠築閘進行程序須各將本渠全渠應行築閘之地點斟酌決定其次再將各個閘內地段可澆地畝若干頃畝核計勘定以憑興修而均水利藉以資編製灌域統計之需今後各

各社各就本社經董中推出二人或四人共同組織之以期分工合作脈絡貫通其應需何項經費亦應趁此次會議討論擔負方法

（決議）目下各渠組織尚未臻十分完妥此案先照大體通過由管理局於適時期督飭實行之

（一）決定妨害水利懲罰辦法案

周秘書 （宣讀提案理由並所擬辦法原案）查本廳對於本省一般水利事業曾經頒定獎勵興辦水利簡章明定獎懲對於包西各渠自應一律適用第後套中離各渠道多係成渠關於治理之要點不僅在於興利而要在於防害故本廳對於各該渠之有違章築壩及爲私利而毀決渠道淹人田不等項情事均認爲妨害水利防遏取締不容不嚴爲訂定茲擬具辦法提出大會討論公決

（決議） 獎勵辦法照通行之簡章辦理其懲罰辦法照原案通過通令各渠一律遵行

（二）決定改選各渠公社任滿各董事案

周秘書 （宣讀提案理由）查上年各渠選出之董事受職雖有先後而按照任期一年之規定目下多已屆滿亟應分別先後辦理改選以符定章本廳茲特提出此案與各公社各自注意

（決議） 各渠遵照分別於適當時期實行之

（一）楊瑞麟等臨時動議永濟等渠一致希望打劉九壩拆學田東壩以期各渠一律平口洶水共維水利案

周秘書 此提案關係甚鉅河套近年以來渠道不良者由尾閭不通致多淤廢將來須將紅門閘以下疏暢以達三湖河則全套可資宣洩惟工程浩大目下尚無此項鉅欵興修且荒地甚多水量用途甚廣此時尚可暫緩而烏家河由西至東互貫各幹渠之尾各幹渠之退水皆繫於此如任意築壩截水勢必淤澄可虞然此段地背高昂必須築壩方能灌溉自應嚴定築壩地點以資遵守除舊有之壩十六道作爲永久之壩其餘新壩應一律拆毀嗣後似不得再築新壩以維水利請各渠經理可先將固有十六壩所在地點報

告以便永作確定

韓增祿　同有十六壩計一韓烏拉二義和長三烏哈馬爾四常五壋口五拴駒子六四槓七天聚公八六分子九伊肯布隆十和葉都貴十一紅們圖十二白銀諾爾均係舊壩十三晉店布隆十四李五壩十五牧羊公司十六烏蘭搗包均新壩

賀連陞　確定同有之壩拆毀其他各壩並永禁再築同係正當辦法但三公旗學田地勢陡高打壩原因由於永濟渠稍流水不暢退水未能放下並臨時打壩不能引水所以欲拆學田東壩須以永濟退水通暢爲先決問題

（決議）　同有十六壩之外其餘各壩一律拆除並無論何人不准再築至學田東壩目下永濟已修退水自然通暢自亦不成問題

（二）韓增祿等臨時動議請明定甲渠水澆乙渠地應如何擔負水利經費案

（決議）　由各渠酌擬適當辦法呈廳審核施行之

（一）主席臨時提出各渠如有提案或建議陳請各件倘非會議所能遽決而係本廳職權上應行決定者仍應各自提陳以憑審查核足以廳令施行案

（決議）　各經董遵照擬具提陳由廳審核令行之

時間　四月二十九日上午九時繼續會議

主　席　此次開會因爲時間上的關係已將大體各端有所决定此外何渠如有提案建議陳請等件可按照決議由其經董提陳本廳當準酌妥當詳審籌議以定可否最後尤有數事向大家說說（一）剛濟渠經理等會同永濟渠經理適間曾有陳請大致以修挖剛濟費力多而收效小擬將剛濟公社取消歸併永濟公社兼辦剛濟渠之一切經理事宜此係出於務求實際的辦法本廳可以允許其陳請與核示情形容以廳令飭遵因此關於昨日分配貸款自當隨之變更計永濟本身並剛濟共定貸與一萬九千五百元此節應報告（二）余意各渠公社開支現在既經增加水利經費定亦不致再感拮据凡所支出希望大家照章辦理並力事撙節總求

以民衆負擔作自身負擔一樣設想倘若仍有不敷則應就地另設核實方法以資籌足無論如何不准動修渠費(三)此次貸款專爲補助本年民力之不足修理本年之渠工絕對的不准挪作彌補上年虧累之用如有此等情形一經發覺即以私挪公款論(四)再者公社經理副經理等爲一渠民戶服務志趣非常純潔人格非常高尙自應盡其心力出以淸廉方爲正辦乃年來頗聞有並不常川在社辦事託人代理敷衍者亦有開支渠費不作工程者更聞上年會議並借款時有逗留包頭五原以公衆之款作賭博之資者更有浮開冒報動輒以請客交際爲名侵蝕公款者凡此種不良習氣在今日靑天白日旗幟之下統應一律改革方不愧爲革命政治下之國民此不過舉出往事希望大家有則改之無則加勉之意(五)貸款分配既定一俟回綏即行分別撥交其晋鈔掉爲本省鈔票升加之數應以款撥到包之日爲準以便各渠一律而免參差不一(六)大家負責修挖本渠當於管渠委員之外添派相當之員幇同監督工程稽核用款期以每渠各有專人不致稍滋貽誤大家對於工作務要特別加緊做一段報一段完一渠報一渠是爲至要會議已畢就此宣告閉會

綏遠建設廳以召集包西水利會議期間據各渠建議請求各案經審查籌議分別指示令行該管包西各渠水利管理局查照分別轉飭遵照辦理原文原案彙錄如次

（原文）

爲核定示遵事案查此次召集包西各渠水利會議關於本廳提議暨宣布各案業經在大會決議並公布各在案其在開會期間據該管理局轉到有關各渠之建議請求各案茲經本廳詳加籌議核示如左

一塔布渠水利公社經理馬得海副經理安禮呈以上年修工不敷一萬九千餘元擬請於勘放本渠永租地按案每頃加修渠費三十元再不敷懇准令上游粮地擔負一部以資淸理案

一塔布渠水利公社經理馬得海董事長劉存義偕呈自十七年五月成立進行困難情形陳請鑒核案

以上二案經本廳審查以該公社經費從事困難自係實情亦爲本廳所深悉所有上年修工不敷之款自應設法情理歸墊着該公社自本年起按照全渠勘丈青苗地數不分何項地畝一律每頃另徵補還修渠費款壹拾元以資補償即以三年或四年內收足不敷款額爲度並即責成該管理局並該管理設治局核實監督逐年另案報核

一豐濟渠水利公社經理田全貴董事長陳萬山呈以沙河渠屬東十八圪兎地永恃本渠澆灌請援上年長濟渠澆塔布渠地辦法所收費款除公家六成外其餘各分二成以昭公允案

查此案所呈如果該東十八圪兎地勢高峻即使沙河修通亦屬不能澆灌確屬實在情形應候該管理局酌擬彼渠地澆此渠水之通行辦法呈經核准再行一律遵辦所請援案之處應毋庸議

一通濟渠水利公社經理白怡義董事長呂鳳鳴呈以歷次修渠均以本渠之口作爲長濟渠口而長低通高不得澆灌請核示以便施工案

查此案已於大會決議由有關之義和長濟通濟等渠經董同渠後秉承該管理局實地同履勘妥擬辦法呈核以憑施工仰即照辦

一沙河渠水利公社說帖將十八年動修渠工以及關於本渠重要事項分別說明請鑒核案

查說帖所陳三項情形均悉惟關上年築壩淤毀之段雖經冬水拉洗已臻通暢仍應由該管理局切實查勘務令悉復元狀免碍澆灌爲要

一剛濟渠水利公社經理王井民副經理呂寶山董事長楊正業山東移墾事務所副主任郝中衢永濟渠水利公社經理韓增祿董事長汪治泉會同建議由永濟洋行渠地方開挖新口則剛濟地畝完全澆遍請取銷剛濟公社公推副經理董事長各一人董事二三人加入永濟公社幫同辦理案

查修渠澆地重在實際建議所請取銷剛濟渠水利公社一節洵屬允當應准照辦仰即督飭剛濟灌域民戶公推副經理一人董事二

以上各案仰該管理局查照指示事理分別飭遵及辦理勿延爲要此令

（原案）

一塔布渠

竊查塔布渠原係十餘年停修之渠自去年五月間成立水利社以來卽從事重修工程浩大自不待言所有自去年五月間起至九月止按工程通盤計算共支出工程費洋三萬五千餘元再加職社經費三千餘元統共三萬九千餘元除貸款一萬五千元及貨物贏餘洋四千餘元外實不敷支出洋一萬九千餘元此項不敷之款均係永租地地戶墊付粮地戶向未借助亦有經理東挪西借尙有帶息之款通備急於星火避債幾於無臺倘不設法淸理實係難以支持此係實在情形未敢有絲毫虛飾爲此請懇

廳長施恩准予於此勸於塔渠永租地援照前於公濟渠地之原案每頃加收修渠費洋三十元不敷之數再懇

廳長另行設法令糧地戶担負一部分以資淸理勢款而利進行理合具文呈請伏乞

鑒核恩准示遵施行謹呈

綏遠建設廳廳長馮

塔布渠水利公社正經理馬得海

副經理安　禮

謹將職社自十七年五月份成立進行困難情形縷晰陳明呈請

鑒核

一查職渠自光緒三十一年黄河氾濫渠道冲壞歷年因加歲修者只顧目前並未通盤修理以致渠道淤澄幾至不可收拾每年涉澆地畝無幾而且多在上游是以去年蒙

廳長俯念民艱准予貸款發給職社一萬五千元職等本係鄉愚茫茫無解徒知歷年上游水勢尚好下游多不能見水原意藉此萬餘鉅款再行籌墊一部分將渠身渠稍加以修理令渠見水糧石自然增加民戶寬裕就地再行通籌整修一次尚可望一勞永逸不意天心不佑渠口不暢水勢不旺糧石欠收復遇匪患猖獗民戶流離大受損失不但渠工計畫未能完善就地籌墊之款無着以致所發貸款借本還息信用亦失自罪自戾何用待責今幸蒙

廳長不棄參加會議通籌渠務復准貸款拯救萬民不但職等銘刻五內而萬民亦感戴無既矣

一查職渠所澆之地上游糧地居多下游純係永租職去年領款之際維持信用根本解决本以大年增收爲要點即有不符尚能在永租地內預爲籌借雖時下民債按年撥地籌還尚可支持信用時下已將此地丈放前由管理局呈請按地增加渠費三十元藉資償還貸款復可彌補民戶墊款不失信用是否可行未蒙批示如蒙允准是否可連同前已放糧地一律增加一次以濟目前急需待命之至伏乞

示遵謹呈

綏遠建設廳

塔布渠水利公社正經理馬得海

董事長劉存淺

一豐濟渠

竊職社對於沙河渠所属之東十八圪兎歷年依賴職社澆灌查該東十八圪兎地勢高竣即沙河渠完全修通亦不能澆灌此地永遠依恃職社澆灌惟職社對於澆非本渠之地其徵收修渠費及水利經費向無一定之辦法殊欠完善擬懇

廳長准予援照去年長濟渠澆塔布渠地每澆地一頃除公家六成外其餘四成各分一半以昭公允而資遵守理合具文呈請伏乞

鑒核俯准示遵施行謹呈

綏遠建設廳廳長馮

豐濟渠水利公社正經理田全貴

董事長陳萬山

一通濟渠

竊查職渠與長濟渠向由灌田社包辦俯時渠口淤澄灌田社爲省工省錢計所以將職渠渠口作爲長濟渠口繼至民國十四年間收回官辦亦因長濟渠不用挖口亦能澆地又爲省工起見又未設法開挖新口是以近幾年以來長濟渠低通濟渠高所有水量盡入長濟渠而通濟渠不能澆灌此係實在情形理合具文呈請伏乞

鑒核示遵以便施工施行謹呈

綏遠建設廳廳長馮

通濟渠水利公社經理白怡義

董事長呂鳳鳴

二沙河渠

謹將職社民國十八年動修渠工以及關於本渠重要事項繕具說帖分別說明恭請

鑒核

計開

一查職社本年估修渠工計共四段第一段由渠口至呂二渠口計長十六里約估土方二萬八千個第二段由十大股至蠻圪素計

長十里約佔土方一萬五千七百五十個第三段由長工渠至新渠口計長九里約佔土方八千六百四十個第四段由新渠口至西梢計長二十里約佔土方二萬二千五百個以上四段共佔土方七萬四千八百九十個每個工洋以三角計算共合洋二萬二千四百餘元業經呈報有案

一查職社本年佔工預算呈報後奉　包西各渠水利管理局公函略謂所佔四段渠工究以何段爲急要應迅速查覆等因當飭渠頭沿渠查勘據報惟第二段暫能緩修渠口及第三四段急應挖洗業經呈覆在案現在渠口工程已於四月十五日出工挖洗查該渠口沙套歷年淤澄已極若不即時興工挖洗將來灌溉青苗必受影響並經呈請派員查驗在案

一頃奉　包西水利管理局第二十九號訓令附件內開查沙河渠所佔四段工程均尚公協唯上年違章築壩責有攸歸應由該局長赶令負責之人從速實在陪修不能令其與本年修工混爲一起遂其取巧之計致耗其他民戸財力以示平允而昭懲戒切須注意查上年因渠水乾涸在圪殿橋十大股權宜築壩作保循　前秉辦包西水利事宜綏遠墾務第五分局召集之臨時會議之決議至後因築壩淤澄渠當呈請嚴令當初請求築壩負責之民戸陪修均有成案可考且其上年築壩淤澄之渠段係本年佔工之第二段該段渠身因上年冬季結冰時水勢暴漲已將淤澄處之泥沙被水冲去現在該段渠身其通暢無異未淤澄之先本年春季佔工時因渠內尚未解凍故爾一併佔入現在該段渠身緩挖亦可並經呈明

包西各渠水利管理局亦在案

一剛濟渠

查剛濟渠蒙

廳長借款萬元感激自不待言惟現因黄河南遷尋挖新口毫無相宜地點今由大家共同議決擬請由永濟渠之洋行渠地方開挖渠口以便澆灌剛渠地畝亦足能完全澆遍又可以分永濟渠之水勢而免決口之虞洵屬一舉數善所有剛濟渠貸款由永濟渠擔

負完全責任剛濟渠水利社取消又可節省經費不過准剛濟渠地戶內公推副經理一人董事長一人董事兩三人加入永濟渠社
幫同辦理以利進行是否准行伏乞
示遵謹呈
綏遠建設廳廳長馮

剛濟渠 正經理王非民
副經理呂寶山
董事長楊正業
山東移墾務事所 副主任郝中衡
永濟渠 正經理韓增祿
董事長汪治泉

一黃土拉亥河渠

爲請體恤民艱核發渠款以維民生仰懇
恩准事竊職社奉
鈞憲訓令第二十九號計抄附
綏遠建設廳十八年份審核包西各渠渠工決定計畫清單一紙內開查黃土拉亥河應分別緩急先開新口挖正稍其原估西稍可
稍從緩且該渠民戶不乏殷實之家儘可提早籌挖也等因奉此查職社成立在十七年春間彼時幹渠淤澄不堪計估必須修挖工
程兩大段所需渠工費用五十餘元并未蒙

上峯恩賜貸款均係全渠民戶攤資支付計共支出修渠工款五十餘元除客秋徵收修渠費相抵外迄今尚欠民戶墊付渠款洋四千餘元早已逼催職社償還以維其個人生活對於再向民戶借款實際上極難辦到況去年自秋冬以來趙匪千餘名來往經過三四次蟠聚兩月有餘架票勒贖殘殺人民無所不用其極其尤最堪痛恨者焚燒場面六十餘處計燒糧不下萬餘石遠近無不知之素日殷實之戶均已變爲窮民其素不殷實者更可想而知至將趙匪剷除以後又加餓民擾亂稍能顧住飲食之家又無一不受餓民之影響此均係實在情形未敢絲毫飾詞揑報是以職社民戶迥非昔比對於今年渠工完全由民戶攤資修挖既免動用國帑又不出利息本應遵照辦理無奈職社等及民戶値此倘遭匪患特受損失之際貧者固貧不貧者早均轉爲貧窶即生活亦不能維持由民戶完全攤資修渠一節實係難以遵辦爲此泣懇

鈞憲恩准貸予渠款萬餘元不敷之數再由職社竭力籌墊以竟全工而與水利除呈　水利管理局外理合具文呈請伏乞

鑒核恩准體恤民艱核發渠款以維民生實爲德便謹呈

綏遠建設廳廳長馮

黄土拉亥渠水利公社經　理李　畢

副經理劉　長

陳彥清

一包頭王六子壕

謹陳者査王六子壕開渠口民國四年初勘渠口即有是議因水勢過猛澆中灘地二千四百餘頃恐有不能以洩水勢始有開夾心灘舊渠口之規定迨河北地五村地相繼報墾進水口時有淤澄水流不暢地多水少大半荒蕪近年來多有改修王六子壕之議迄未果行茲又有擬挖集股渠作進水口之議查此口較王六子壕地勢尤高水流尤暢中經杭旗地一段能澆戌亥灘毛力托拉亥哈

拉補隆八卦車等處地約二千餘頃連同奮挐中灘等地共可澆五千餘頃誠可謂最好一道大幹渠約需洋六萬元之譜福國利民

厥功偉大應請

詳察陳請

綏遠建設廳

永　泉謹呈

一包頭第三區各渠

謹將包頭第三區各渠經董及地戶請求各件開陳

鑒核

計開

（一）查職社曾蒙

鈞廳支配派定開挖王留子壕工程洋三萬元分配接挖公濟渠洋五千元現下急待動工懇請

廳長迅予核發以策進行

（二）查西大渠原係西公旗私槊時開挖並未出稍嗣經公家收回後地雖放竣仍未接挖至今該渠下游各地數年滴水未沾八九

百頃之膏腴地多半荒蕪該渠接挖出稍爲現下最要不可遲緩之工程職社業將接挖出稍渠線勘定預估約需土方四萬方合洋

一萬元惟此項工程雖籌挖已久因民戶困苦無力進行擬請

聽長由此次支配各渠貸欵內分撥六千元其餘由本渠民戶籌辦俾得該渠即日興工以期渠稍通暢澤惠均沾而免向隅偏枯

（三）西官渠亦未完成致水量不能普漑爲刻下緊要之工程職社已將接挖渠路測定預估約需擔土方三萬五千方合洋八千七

七百餘元擬請

廳長由此次支配各渠貸款內分撥四千元不足由地方籌助俾得接續完成地方民衆沾澤非淺

(四)每年應徵修渠費暨水利經費應請嚴定徵收期限及逾限不交懲處辦法

(五)民戶私拆閘壩及違章霸水應請嚴定懲罰專則

(六)查職社經常費不敷甚鉅應請如何補助以維社務

以上提議懇請

廳長審核公決施行

包頭第三區各渠水利公社經理 賀級三

副經理 郭鴻賓

董事長 劉治邦

西官渠董事 楊三

西官渠地戶西公旗代表 賀級三

西大渠董事 王錫欽

馬子華

東大渠董事 王銀維

劉鳳山

公濟渠董事 王陞

西大渠地戶代表　劉蘊齋
　　　　　　　　張發祥
中灘地戶代表　　陳大祿

一包頭西大渠西官渠

烏盟烏拉特前旗代表賀級三爲關於西大西官兩渠修渠費等事逐條開陳請求

一核奪示遵

（一）查中灘西大渠係未放墾時由西公旗籌資開挖之渠自該渠地畝報墾由公家丈放後核定每年每頃徵收水租洋七元以一半歸公以一半歸西公旗爲補助當年所花工程費歷經辦理在案自十七年水利事宜歸諸地方所有劃定之一半水租費應如何規定請

示遵

（二）西官渠屬地畝係西公旗自種戶口地該渠亦係旗下籌資開挖每年補修疏濬各事向係自行修整自去年水利劃歸地方入秋時丈過青苗一百五十餘頃所有修渠費及水利經費應否免出請

鈞鑒核奪並乞

示遵

烏盟烏拉特前旗代表賀級三

一包頭中灘東官渠

禀爲免徵東官渠修渠費以昭公允而恤災民仰祈

鈞議立案事竊查三河湖中灘之渠係一口四村東官渠之梢於民國六年開渠按全渠道之地畝農民各出修渠費洋三十元至今渠道非常堅固無有修理之必要自上年設立水利社以來對於東官渠之工程並無花消之款實與他渠稍不同也而且災歉連年所以修渠費無力完納是以懇請提議免徵渠費其水費照章完納以昭公允而恤災民理合具呈懇請

鈞鑒核奪施行謹呈

綏遠建設廳

包頭縣第三區中灘東官渠農民代表

劉鳳山　王錫銘

王萬貴　王鵾

王　元　劉常沛

黃殿士　楊拴拴

趙魏德　武丁仲

各渠

議將包西各渠應建議事宜分別開具條列呈請

鑒核

計開

一凡包西各渠水利當日新月異力圖改革要求一致辦法非取締不可今各大渠民衆爲促進水利起見擬提倡組設包西各渠水利委員會一處以資興辦

一永濟渠流水辦法已經三縣局各經董等妥爲規定此後澆水須按季輪流灌溉當夏秋兩季按臨五安三縣局各澆水半月而春

冬兩季各澆水一月灌畢勿論何人須將渠口堵塞爲表決

一凡本渠之水利所澆他渠之地永濟地除公家徵收六成外其餘四成一半歸其本渠一半與歸放水之渠椓地除水利經費歸本渠徵收外其餘修渠費應歸與放水之渠徵收半數

一通濟渠渠口問題無論義和渠讓或長濟渠讓口懇乞廳長就急解决以便進行而利渠務查長濟渠現用之口本係通濟渠口後因黄河南遷兩渠均爲權田社經理爲節省經濟起見合用一口

一黄土拉亥渠自鴨子兎至上蠻會渠迤東非本渠舊有之地不得由本渠擅自修挖支渠以維幹渠之永久暢旺（以不如此則幹渠非勢必淤澄）

一黄土拉亥渠稍五加河以北有陳三人自該黄土拉亥渠挖一支渠查該陳三人地非本渠轄地上游之地未經澆完時不得令其放水以免捨己顧人之誚

民國十八年包西各渠水利公社修濬各該渠估計應需土方暨工費原擬數目清摺並本廳審查核示之結果彙列於後

一塔布渠

謹將塔布渠本年應行修挖各段工程分别段落情形及估計土方並需洋各數目繕具清摺呈請

察核

計開

第一段　渠口下底（因黄河南移渠口淤塞重行修挖）

一由黄河邊至舊口處計長四百七十六丈寬三丈七尺深三尺共計土方五千二百八十三方六分每方工洋四角共合洋二

千一百一十三元四角四分

第二段　淤澄下底

一由舊口處至頭道灣計長四百九十六丈寬二丈九尺深二尺共計土方二千八百七十六方八分每方工洋三角共合洋八百六十三元四分

第三段　劈耑下底

一由頭道灣以下計長一百五十丈寬二丈九尺深二尺共計土方八百七十方每方工洋三角共合計二百六十一元

第四段　切灣取直

一由三福子店而李三長門生計長二千三百八十四丈寬三丈深四尺共計土方二萬八千六百八方每方工洋四角共合洋一萬一千四百四十三元二角

第五段　劈耑下底

一由李三長門前至張玉柱渠口計長一千五百丈寬三丈深二尺共計土方九千方每方工洋三角共合洋二千七百元

第六段　下底

一由張玉柱渠口至王有治渠口計長二千二百四十五丈寬二丈九尺深二尺共計土方一萬三千二十一方每方工洋三角共合洋三千九百六元三角

第七段　切灣取直

一在塔布木獨南切灣取直生工一段計長五百丈寬二丈六尺深四尺共計土方五千二百方每方工洋四角共合洋二千八十元

第五段　劈幇下底

一由鄔二達橋下至烏加河計長七千二百丈寬六尺深四尺共合土方一萬七千二百八十個担工每方三角合洋五千一百八十四元

以上五段共合土方六萬八千六百四十個共計洋二萬零五百九十二元

查永濟渠原估二三四五各段工程根本錯誤假使依照修挖亦斷不足以資退洩即無以免除下游決口之水患與夫各地爭水糾紛蓋大凡一渠正幹不宏將何以容納上游極旺之水而宣洩之該渠歷年潰決本年又復泛濫足爲明證且永濟爲後套大渠就實地情形度之在理亦不應無一正幹尤不當强以低下支流爲正幹玆經決定轉飭該社本年修工務宜力矯舊非應改以舊西大渠爲永濟渠之正幹庶可承納宣洩不致貽舍本逐末益少損多之誚查西大渠線計長三千三百四丈六尺平均寬修同丈深下五尺應做土方六萬六千九十二方每方以三角計合需工費一萬九千八百二十七元六角連同原估修口暨挖正稍工程共需三萬元有零即可從事其他各工如樂善堂支渠等應從緩議倘該支渠民戶自願於擔任修挖審定工程之外另有餘力可以自行修挖本廳亦所許可至前令張海鎖等賠修各工並應轉飭切實補修務必徹底方今甫在解凍不能以業已賠修爲搪塞也

一通濟渠

謹將通濟渠本年應行修挖各段工程分別段落情形及估計土方並需洋各數目繕具清摺呈請

鑒核

計開

第一段　淤澄下底

一由渠口至楊鋤勾房後計共長二千七百丈寬口底平均四丈深三尺共合土方三萬二千四百個每個土方三角五分共合

洋一萬一千三百四十元

第二段　淤澄下底

一由蔡家渠口上下共計長五百四十丈寬口底平均三丈五尺深二尺共合土方三千七百八十個每個土方三角五分共合洋一千三百二十三元

第三段　淤澄下底

一由三盛泉渠口北至燕安和橋西計共長七百二十丈寬口底平均三丈深二尺共合土方四千三百二十個每個土方三角五分合洋一千五百一十二元

第四段　淤澄下底

一由黃惱榜渠口至五道口村計共長七千二百丈寬口底平均三丈深三尺共合土方六萬四千八百個每個土方三角五分共合洋二萬二千六百八十元

第五段　北稍久寨

一由五道口村至五加河計共長三千二百四十丈寬口底平均二丈四尺深四尺共合土方三萬一千一百四個每個土方三角五分共合洋一萬八百八十六元四角

以上五段共合土方一十三萬六千四百四個每個土方三角五分統共合洋四萬七千七百四十一元四角

査通濟渠爲下游重要渠道此次原估五段工程均倘可行惟將來必須另覓新口方能適用又此次修工除由公家貸與一部分外其餘應需各工費款務令該社從長計議再行興修以便視能擠籌若干之數爲修工之標準免致中輟無成爲要

二長濟渠

謹將長濟渠本年應行修挖各段工程分別段落情形及估計土方並需洋各數目繕具清摺呈請

鑒核

計開

第一段　淤澄下底

一由本渠口至大北濵橋西共長二千七百丈寬平均四丈深二尺共計土方二萬一千六百方每方以三角共合洋六千四百八十元

第二段　劈寬挖深

一由西槐木橋至德恒永退水渠口共長三千六百丈寬平均三丈深一尺五寸共計土方一萬六千二百方每方以三角共合洋四千八百六十元

第三段　淤澄下底並挖生工

一由正稍口至朝偕口廟計長四千五百丈寬平均三丈深三尺共計土方四萬五百方每方以三角共合洋一萬二千一百五十元

第四段　劈寬挖深

一由德恒永渠大工房至戌亥渟計長三千二百四十丈寬平均二丈深二尺共計土方一萬二千九百六十方每方以三角共合洋三千八百八十八元

以上四段共計土方九萬一千二百六十方每方三角共合洋二萬七千三百七十八元

查長濟渠所估四段工程尚屬可行但其中大有公至白家地蔡家地生工地位過低不能適用應由該局轉飭仍就原流另作截小段切直計畫妥爲辦理以免徒耗無補如此修挖需工自較原估可省若干矣

一剛濟渠

謹將剛濟渠本年應行修挖各段工程分別段落情形及估計土方需洋各數目繕具清摺呈請

鑒核

計開

第一段　重開舊口

一由舊口至新口內會合處計長一千五百三十五丈寬三丈深四尺共合土方一萬八千四百二十個每方三角共合洋五千五百二十六元

第二段　渠身下底

一由新舊口會合處以下洗修計長一千八百丈寬三丈深二尺共合土方一萬零八百個每方三角共合洋三千二百四十元

第三段　渠身下底

一由劉三紅渠口至烏尼古慶計長四千五百丈寬二丈二尺深二尺共合土方一萬九千八百個每方三角共合洋五千九百四十元

第四段　新出渠稍

一由烏尼古慶處至豐濟渠協成橋南計長三千二百四十丈生工寬二丈深四尺共合土方二萬五千九百二十個每方三角共合洋七千七百七十六元

以上四段共合土方七萬四千九百四十個係担工每方三角共合需洋二萬二千四百八十二元

查剛濟渠重修舊口計費甚足其餘三段工程亦均可行惟查已往大弊在經理不善而尤與山東移民地大有關係現在本廳決定

貸助該渠之欵必須俟山東移民地王主任鴻一到綏與之商有確實辦法方能撥貸與修應由該局轉飭速來以便計議而資進行至前此令行該局查究該渠之案勵關渠工尤應切速查覆毋託空言致貽誤於全渠渠務爲是爲要

一沙河渠

謹將沙河渠本年應行修挖各段工程分別段落情形及佔計土方並需洋各數目繕具清摺呈請

鑒核

計開

第一段　渠口下底

一由河口至呂二渠口計共長二千八百丈寬四丈深二尺五寸共合土方二萬八千個

第二段　渠身下底

一由呂二渠至蠻圪素計共長一千八百丈寬三丈五尺深二尺五寸共合土方一萬五千七百五十個

第三段　渠身下底

一由長工渠至新渠口計共長一千四百四十丈寬三丈深二尺共合土方八千六百四十個

第四段　渠身下底

一由新渠口至西稍尾計共長三千六百丈寬二丈五尺深二尺五寸共合土方二萬二千五百個

以上四段全係挖洗渠底稍爲勞費統共佔計土方七萬四千八百九十個每個土方以三角計算共需洋二萬二千四百六十七元

查沙河渠所佔四段工程均尚妥協惟上年違章築壩責有攸歸應由該局長赶令負責之人從速實在賠修不能令其與本年修工

混爲一起遂其取巧之計致耗其他民戶財力以示平允而昭懲戒切須注意

一豐濟渠

謹將豐濟渠本年應行修挖各段工程分別段落情形及估計土方並需洋各數目繕具清摺呈請

鑒核

計開

第一段　兩面加背

一由中圪旦下至羅圈計長一千丈寬一丈深一尺共合土方一千個担工每方三角合洋三百元

第二段　加培西背

一由羅圈下至白來渠計長六百丈深一尺五寸共合土方九百個半背半丟每方二角合洋一百八十元

第三段　加培東背

一由淖拉召渠下至五分子渠計長三百六十丈寬一丈深一尺五寸共合土方五百四十個半背半丟每方二角合洋一百零八元

第四段　挖深劈寬

一由彭光渠下至舊橋計長七百二十丈寬一丈深六尺共合土方四千三百二十個担工每方三角合洋一千二百九十六元

第五段　挖　深

一由粉房圪旦下至五里生工計長七百二十丈寬二丈深二尺共合土方二千八百八十個担工每方三角合洋八百六十四元

第六段　挖深劈寬

一由五里生工下至西壩計長一千三百五十丈寬二丈深二尺共合土方五千四百個担工每方三角合洋一千六百二十元

以上六段共合土方一萬五千零四十個共計洋四千三百六十八元

查豐濟渠原估各段工程未能籌及正幹與退水殊爲遺憾且該渠大病在五分子橋之腰軟沙多及五分子橋以下經協成橋由加格氣廟入烏加河之正幹爲於緊要工程並未估入非根本拯濟之道仰飭該社知照力圖改善並竭其民戶之全力自行籌修是所至盼

一黄土拉亥河渠

謹將黄土拉亥河渠本年應行修挖各段工程分別段落情形及估計土方幷需洋各數目繕具清摺呈請

鑒核

計開

第一段　開挖新口

一由舊口西斜至河邊計長一千零八十丈寬口底平均五丈深四尺共合土方二萬一千六百個每方三角共合洋六千四百八十元

第二段　渠身下底

一由閻子渠至下營會渠計長二千七百丈寬二丈六尺深二尺共合土方一萬四千零四十個每方三角共合洋四千二百一十二元

第三段　正稍劈寬下底

一由路二橋至五加河修處斷續不一統共計長二千六百丈寬二丈深二尺共合土方一萬零四百個每方三角共合洋三千一百二十元

第四段　西稍劈寬下底

一由西稍渠口至五加河計長三千一百丈寬二丈深二尺共合土方一萬二千四百個每方三角共合洋三千七百二十元

以上四段共合土方五萬八千四百四十個統共合洋一萬七千五百三十二元

查黃土拉亥河渠應分別緩急先開新口挖正稍其原估西稍可稍從緩且該渠民戶不乏殷實之家儘可提早籌挖也

一烏加河渠

謹　勘估由烏拉素海南端起至王六子壕止修挖洩水渠道以便宣洩烏加河貫入烏拉素海積水所需土方及需洋各數目繕具清摺呈請

鑒核

計開

一由烏拉素海子起至王六子壕止共長三千零六十丈均寬四丈六尺深五尺五寸共計土方七萬七千四百一十八個每方工洋三角共合洋二萬三千二百二十五元四角

查烏家河下游烏梁素海工程關係全套各渠之退洩工程重要宏大原估過於簡略決不可行應俟本廳派員實地履勘再爲大規模之計畫惟該局於查勘各渠時應注意查明由紅們圖引流以納於王六子壕之段是何情形隨時呈報至將來如何派員之處本廳自有辦法勿待陳也

一扒子補隆敉堂渠

謹將扒子卜隆敉堂渠本年應行修挖各段工程並分別段落及估計土方與需洋各數目繕具清摺呈請

鑒核

包　西　水　利　輯　要　　紀錄及計畫　　　四七

計開

第一段　渠口沙灘生工

一由黄河邊至舊口計長二百零一丈寬二丈二尺深四尺共計土方一千七百六十八方八分每方工洋四角共合洋七百零七元五角二分

第二段　劈幫下底

一由舊口至鯊池村計長三千四百零九丈寬二丈深一尺五寸共計土方一萬零二百二十七方每方三角共合洋三千零六十八元一角

第三段　劈幫下底

一由鯊池村至瓦窰圪卜西叉渠口計長二千零五十丈寬二丈深二尺五寸共計土方一萬零二百五十方每方工洋三角共合洋三千零七十五元

第四段　劈幫下底

一由瓦窰圪卜西叉渠口至義和魁十字渠計長二千零一十八丈寬一丈八尺深一尺五寸共計土方五千四百四十八方六分每方工洋三角共合洋一千六百三十四元五角八分

第五段　劈幫下底

一由義和魁十字渠至西河牛大路口計長一千五百六十丈寬一丈八尺深二尺五寸共計土方七千零二十方每方工洋三角共合洋二千一百零六元

第六段　劈幫下底

一由西河半大路口至渠稍以東計長六百五十丈寬一丈寬一丈四尺深一尺五寸共計土方一千三百六十五方每方工洋三角共合洋四百零九元五角

以上六段共計土方三萬六千零七十九方四分每方工洋三角四角不等共合洋一萬一千元零七角

查扒子補隆教堂渠原爲賠教專渠其灌域半爲塔布渠灌溉所及此次既經修挖塔布渠其流既暢澆地自多目下似無須投萬餘元之資金從事濬渫一俟塔布修竣仍有不能澆灌時再行核奪作第二步之進行可也

一中灘三湖河各渠

謹將測勘包西應挖渠路及接挖渠路並加背築閘各工程約估土方工料需款各數目分別造具清摺呈請

鑒核

計開

一新勘渠路由王留子壕開口挖至三湖河岸出稍計長二十里寬口底平均六丈深五尺約估土方十萬八千方此渠挖開普澆水地一千五百餘頃

一勘定接挖渠路由西官渠背開口接挖至黃河岸出稍計長二十里寬口底平均二丈二尺深三尺約估土方二萬三千七百六十方

一勘定又由西官渠背開口挖至西大渠爲止計長十里寬口底平均一丈六尺深四尺約估土方一萬一千五百二十方

以上兩渠挖開增澆水地六百餘頃

一勘定由西大渠南稍開口挖至黃河岸出稍計長二十五里寬口底平均二丈深三尺約估土方二萬九千七百方

一勘定又由西大渠南稍向東南從天生壕內洗挖至黃河出稍計長十五里寬口底平均二丈二尺深二尺約估土方一萬一

千八百八十方

以上兩渠挖開增澆水地八百餘頃

一　勘定由土黑麻淖村東北公濟渠新開渠接挖起至山水渠爲止計長十二里寬口底平均二丈二尺深四尺約估土方一萬九千零零八方

一　勘定又由西哈拉補淖村北公濟渠背開口挖至毛招窯子村南爲止計長七寬口底平均二丈深三尺約估土方七千五百六十方

以上兩渠挖開增澆水地八百餘頃

一　洗挖工程因公濟渠所開渠路過高再向下洗挖約估土方二千方

一　加背工程因公濟渠舊有渠背過低應再增加約估土方一萬方

一　擬在王留子壕渠上游進水處築檔水閘一座約估工程洋一千八百元

一　擬在各渠上下游共築擋水閘六座約估工程洋四千二百元

以上計開挖渠路暨洗挖加背共約估土方二十二萬三千四百二十八方每方以二角五分共合洋五萬五千八百五十七元連同築閘工料總洋六萬一千八百五十七元

查中灘三湖河各渠原估各工應分別緩急辦理不能一律貸助其中王留子壕一段工程暨公濟渠之接挖關係渠道之完成應准興修其餘各工近於支渠或爲目下不急者可由地方自行酌籌之應由該局轉飭知照

一　包西第四區各渠

謹將包頭縣第四區公議水利擬開新渠事宜詳列三項如下陳請

[illegible]校

計開

定名擬修公議渠一道自亿君墳東五里補倫西開口直抵至紅脫濠天生公三壕約長一百里估計每一里計長以一百八十丈渠口至渠稍接入天生公三壕沿入黃河共計一萬八千丈核定渠口四丈收底三丈均以深六尺計之渠口至渠稍平均長一丈共計二十一方土每方土工價洋二角五先以一萬八千丈估計共三十七萬八千方土共需款洋九萬四千五百元

擬修公議渠境南抵沙梁畔北挨大黃河其中南北寬有十五里窄有四五里不等平均以寬八里計算每東西長一里計地四十三頃二十畝以長一百里計合一萬八千丈共計四千三百二十頃續加渠稍天然公三壕計長六十里計地二千五百九十二頃統計共合地六千九百一十二頃咸能灌溉之

二　定名擬修洪水渠一道自黑賴圪兌濠口開口修有石工計長二里直抵至沙楷濠舊渠境退水大河計有土工五十里渠口四丈收底三丈深以四尺計之渠口至渠稍接入舊渠壕統計長有五十二里估計每長一里計以一百八十丈平均長一丈計共一十四方土以九千三百六十丈共一十三萬一千零四十方土每方土連石工平均工價洋二角八先共需款洋三萬六千六百九十一元

擬修洪水渠境南挨砂陵北境黃河其中南北寬有七里窄有二里不等平均以寬四里半計算每東西長一里計地一十三頃五十畝以長五十二里計長九千三百六十丈共地七百零二頃

三　定名擬修公生渠自小淖爾村從公三壕挨水開口直抵舊炭塌退水大河計長二十里渠口二丈六尺渠底二丈深以五尺計之渠口至渠稍計長以二十里估計每長一里計以一百八十丈共長三千六百丈平均長一丈共需一十一方土五毫共

長三千六百丈計四萬一千四百方土每方土需洋二角五先共需洋一萬零三百五十元

擬修公生渠境南傍沙梁北近黄河南北平均寬以一十二里計算每東西長一里計地六十四頃八十畝計長二十里共地一千二百九十六頃

統共以上擬修新渠三道共需欵洋一十四萬一千五百四十一元將來此三渠修成之後總計可以澆地八千九百一十頃

查包頭第四區擬開各渠渠線三道均傍沙而行是否相宜應待實地勘測方能定奪且原估需欵十四萬餘元實非目下財政力所能逮除俟本省將來籌有大宗欵項再行審愼辦理外應由該局轉飭原呈請人暫從緩議

第一次包西水利會議期間據各渠水利公社聯合提陳估工情形摺呈一件茲將原件録照於次

計開

一堵布渠工程計分四段

一由舊口至頭道灣加寬六尺長四百九十六丈深與底平

二由頭道灣至李三昌取直渠灣八處長三千一百三十丈寬三丈三尺深與底平

三由李三昌至張玉柱長二千一百八十四丈寬三丈三尺深四尺

四由張玉柱至馬名旺長五千二百丈勞寬丈二

以上合洋五萬五千元

一去年堵布修工共需三萬九千元除公貸一萬五千元外下欠民款均無着落

一長濟工程計分四段

一由口至大北渟土方二萬一千六百三角合洋六千四百八十元

二槐木至德恒永長三千六百丈寬三丈深一尺五寸計土方一萬六千二百三角合洋四千八百六十元

三德恒永至梁居壕計土方一萬二千九百六十三角合洋三千八百九十元

四德恒永至大工房迤東計土方四萬五百方三角合洋一萬二千一百五十元

以上土方九萬一千二百六十合二萬七千三百八十元

一通濟工程五段

一口至楊錫勾土方三萬二千四百三角合九千七百二十元

二人頭樹上下土方三千八百方

三三申泉至晏安和土方四千三百二十方

四黄臘樑至五道口土方六萬四千八百方

五五道口至烏加河土方三萬一千一百方

以上土方十三萬六千四百三角合洋四萬零九百二十元

一通濟另覓新口

一渠水三尺即平口澆水不足即杭錦達拉兩地各得水一半自行輪流

一義和工程五段共土方十二萬七千五百五十方三角合三萬八千二百二十元前呈增加土方三千餘係因委員由沙畔尋口尚多

加數里

一沙河工程四段共土方七萬四千九百三角合洋二萬二千四百元

一豐濟腰底前次估工六段必須加高渠難免決口之患

一剛濟渠前估工程四段是明在案外尚有同元成正稍與東稍兩段工程共合約計土方三萬餘需洋萬元許當以李前局長認作死稍暫緩修挖現該兩渠稍地戶因歷年乾棄不堪再延一再乞懇如本渠興工該兩渠稍決難緩修

一永濟渠工程計五段現渠口一段共五千餘土方因不能打口暫行停挖下餘四段共計土方六萬餘合洋一萬八千餘元前奉 上憲諭令挖冷西大渠計長六千餘里共土方二十一萬餘需洋六萬餘元統計本渠自黃河至五加河長一百五十里現上段勿庸修挖者卽有一百二十里下餘三十里長之三道稍修挖共土方六萬餘需洋不過一萬八千餘元計澆地並不減少挖西大渠需洋方萬餘元澆地亦不加多兩相比較則挖西大渠於經濟方面殊不相宜前奉 上憲訓令內開西大渠應興工程共長三千三百丈後經職社派人前往切實勘丈計長六十一里許所計三千三百丈之數與事實並不相符

一永濟渠澆水辦法 本渠共五道稍經董事及各地戶會議一概不准作壩完全平口澆水正幹渠作五閘學田局用正稍澆水韓島拉二分子一帶用東稍澆水並決意打劉九大壩放學田局東壩

一查永濟渠中下游舊年多係平口澆水除極高之地准予作壩外其他概不准截流水利前議定取消學田局之壩其新添之壩是否可行

一通長堵各渠永租地既經丈放每頃應加之修渠費二十元懇請准予徵收以維渠務

一包西各渠水利將來非設法保護不足以垂久今民衆擬設包西水利委員會爲推興水利起見應先取締保護之

一各渠水利社常年經費爲治渠之基金應懇 衷決辦法以促進行

坿錄表式

附包西各渠適用表式一

渠工監理／管理渠道委員　某渠名　監理／管理　某渠渠工逐日工作報告表　十八年某月分

日別	本日駐在地	渠工進行情形	其他
		（餘仿此）	

附記

中華民國十八年　月　日　渠工監理／管理渠道委員　某　名　□

表式二

某縣某渠水利公社人員年籍冊

職別	姓名	別字	年齡	籍貫	備考

表式三

某縣某渠董事會人員年籍册

職別	姓名	別字	年齡	籍貫	備考

包西水利輯要　附錄表式　三

包西水利輯要附録表式

表式四

某某渠水利公社中華民國十七年某季份收支款項簡明表

標目（上季結存／本季經徵）＼區別	轉入上季結存數	收入：本季收入數	支出：本季支出經費	支出：修渠支出款項	支出：支出共計	結存：本季結存數
水利經費						
修渠費						
永租地租						
總計						
附記						

表式五

某縣某渠水利公社職員銜名夫役薪工表册

職別	姓名	薪工	備考

包西水利輯要　附錄表式　　六

表式六

某縣某渠水利公社某月份徵收水利經費修渠費數目表冊

地戶花名	共折實青苗地數	應繳經費渠費數目	某月日已繳數目	下欠數目
某姓名				
總計　戶	共丈青苗若干	共應徵經費洋若干 渠費洋若干	共已徵經費洋若干 渠費洋若干	共下欠經費洋若干 渠費洋若干
附記				

表式七

某縣某渠水利公社本年澆過春熱伏秋水地畝數目表冊

段落地點自渠口始	澆過春熱伏秋水地	共計地數	備考
第幾段或某某支渠	春（伏熱秋）水地		
總計	春熱伏秋水地各若干畝		
附記	一所澆冬水地畝另冊造報		

包西水利輯要　附錄表式　八

表式八

某縣某某渠水利公社中華民國十七年　月分支出計算書

截至上月底結存數
本月分實支數
本月分結存數

支出經常門

科目	本月份支付預算數	本月份支出計算數	比較 增	比較 減	備考
第一款 某某渠水利公社經常費					
第一項 薪工					
第一目 薪水					
第一節 經理					正經理一員月支車馬費若干副經理一員月支車馬費若干共支洋如上數
第二節 委員					文牘員一員月支薪水洋若干會計員每支薪水洋若干司賬員月支薪水若干共支洋如上數
第三節 雇員					雇員若干員各月支薪水洋若干共支洋如上數
第二目 工食					
第一節 渠頭					渠頭一名月支工食洋若干副渠頭一名月支工食洋若干共支洋如上數
第二節 渠夫					
第三節 夫役					

科目							備考
第二項　公費							
第一目　文具							
第一節　紙張							
第二節　筆墨							
第二目　郵電							
第一節　郵票							
第三目　購置							
第四目　消耗							
第一節　油燭							
第二節　煤炭							
第三節　茶葉							
第五目　修繕							
第六目　雜支							
第一節　雜費							房租洋若干
合計							

包西水利輯要　附錄表式　一〇

截至上月底結存數

本月分實支數

本月分結存數

支出臨時門

科目	本月分支付預算數	本月分支出計算數	比較 增	比較 減	備考
第二款　某某渠水利公社臨時費					
第一項　膳宿費					
第一目　膳宿費					
第一節　董事長					董事長若干人因何事共幾日每日每人支洋若干共支洋如上數
第二節　董事					仝前
合計					
總計					

本月分支出總計銀元

民國十七年某月至某月共計支出銀元

總共支出銀元

會計員某某 □

表式九

收支對照表

中華民國　年　月分

收入									科目	支出								
百萬	十萬	萬	千	百	十	元	角	分	釐	收入之部	百萬	十萬	萬	千	百	十	元	角	分	釐
										上月轉入數										
										本月收入數										
										支出之部										
										經常門										
										薪工										
										薪水										
										工食										
										文具										
										郵電										
										購置										
										消耗										
										雜支										
										本月支出合計										
										餘類推										

表式十

某縣某渠水利公社某月份徵收永租地畝地租數目表冊

地戶花名	共丈某等青苗地畝數	應繳租款數	本月已繳數	備考
總計　戶	共丈上中下若干	共應徵租洋若干	共已徵租洋若干	
附記				

表式十一

某縣某某渠水利公社中華民國十七年　月分收入計算書

科			目	摘要	收入數	各種分配數
第一款某某渠水利公社收入						
	第一項水租	第一目水利經費		水利經費		
	第二項修渠費	第一目修渠費		修渠費		
	第三項永租地地畝	第一目地租		永租地		
				收入合計		
				上月轉入數		
				本月分支出		
				本月結存數		
				總計		

（說明）

表式十二

某縣某某渠水利公社中華民國十七年　月分支付預算書

支出（經常）（臨時）門　本月分實支預算數若干元

科目	至　年度　月預算數	本月分支付預算數	備考
第一款　某某渠水利公社（經常費）（或臨時費）			
第一項　薪工			
第一目　薪水			
第二目　工食			
餘類推			
合計			

（說明）